中国南方淡水鱼类原色图鉴

PHOTOGRAPHIC GUIDE TO FRESHWATER FISHES IN SOUTH CHINA

甘 西 蓝家湖 吴铁军 杨 剑 著

河南科学技术出版社
·郑州·

内容提要

本书作者以实地采集淡水鱼类活体，模拟相似的生态环境拍摄彩色照片，展现各种鱼类婀娜多姿的体态和生境，并以简短的文字记述各种淡水鱼类的分类地位、鉴别特征、生活习性、种群状况和地理分布等。全书共记述我国南方淡水鱼类 16 目 45 科 147 属 320 种，其中典型洞穴鱼类 56 种。介绍的鱼类种类多，内容丰富，图像清晰、色彩真实，既有科学价值，又有较高的美学价值，是一本难得的鱼类图鉴工具书。

本书是野外采集、分类鉴别的好帮手，可供鱼类爱好者、生物野外调查工作者、环境保护和渔业工作者及相关大、中专院校师生参考。

图书在版编目（CIP）数据

中国南方淡水鱼类原色图鉴 / 甘西等著 . —郑州：河南科学技术出版社，2017.1
ISBN 978-7-5349-7382-6

Ⅰ . ①中… Ⅱ . ①甘… Ⅲ . ①淡水鱼类 – 中国 – 图集
Ⅳ . ① Q959.4-64

中国版本图书馆 CIP 数据核字（2016）第 071615 号

出版发行：河南科学技术出版社
地址：郑州市经五路 66 号　邮编：450002
电话：（0371）65788613
网址：www.hnstp.cn
策划编辑：周本庆　陈淑芹
责任编辑：陈淑芹
责任校对：张娇娇
整体设计：张　伟
责任印制：张艳芳
印　　刷：河南省瑞光印务股份有限公司
经　　销：全国新华书店
幅面尺寸：210 mm × 297 mm　印张：22.5　字数：250 千字
版　　次：2017 年 1 月第 1 版　2017 年 1 月第 1 次印刷
定　　价：380.00 元

甘西：男，汉族，二级研究员。广西贵港人，1956年2月生。现任广西水产科学研究院院长，广西大学兼职教授、硕士研究生导师。国务院特殊津贴专家，广西八桂学者。研究方向：鱼类学和水产养殖学。已发表学术论文50多篇，其中被SCI收录12篇。获国家科技进步二等奖1项、广西科技进步二等奖2项、广西科技进步三等奖3项。2006年参与编著出版《广西淡水鱼类志》(第二版)，2013年参与编著出版《广西洞穴鱼类》。

蓝家湖：男，瑶族，三级研究员。广西都安县人，1958年10月生。现就职于广西都安瑶族自治县水产技术推广站，广西劳动模范，两次被评为河池市专业技术拔尖人才，广西大学兼职教授。从事鱼类分类学研究30余年，收藏鱼类标本达20 000余号。采集发现鱼类5个新属和60多个新种，获多项科技成果。参与编著出版《广西淡水鱼类志》(第二版)、《广西洞穴鱼类》。Email：Lan5678@126.com。

吴铁军：男，蒙古族，硕士，高级工程师。现就职于广西水产科学研究院。研究方向：鱼类学、水产养殖、鱼类良种选育。参加野外调查研究广西洞穴鱼类多年。主持和参与国家科技支撑计划、广西科技攻关及南宁市科技成果推广示范项目10余项。发表科研学术论文20余篇，其中被SCI收录3篇；获国家发明专利1项。获广西科技进步三等奖、广西水产畜牧兽医科技进步三等奖各1项。2013年参与编著出版《广西洞穴鱼类》。

杨剑：男，汉族，博士，研究员，重庆市丰都县人。2004年毕业于云南大学生物科学专业，2009年毕业于中国科学院昆明动物研究所动物学专业。现就职于广西师范学院环境与生命科学学院。已发表科研学术论文20余篇。

Email：yj1981yj@163.com。

内容简介

该书作者以实地采集淡水鱼类活体，模拟相似的生态环境拍摄彩色照片，展现各种鱼类婀娜多姿的体态和生境，并以简短的文字记述各种淡水鱼类的分类地位、鉴别特征、生活习性、种群状况和地理分布等。全书共记述我国南方淡水鱼类 16 目 45 科 147 属 320 种，其中典型洞穴鱼类 56 种。介绍的鱼类种类多，内容丰富，图像清晰、色彩真实，既有科学价值，又有较高的美学价值，是一本难得的鱼类图鉴工具书。

本书是野外采集、分类鉴别的好帮手，可供鱼类爱好者、生物野外调查工作者、环境保护和渔业工作者及相关大、中专院校师生参考。

序

《中国南方淡水鱼类原色图鉴》展示了鱼类活体的形态和色彩，图像清晰，体态生动，有较高的科普价值，可以激发人们对鱼类这一类群生物的兴趣，提高人们保护自然的意识。

本书虽冠名“中国南方”，实则系指珠江流域境内的云南东南部、贵州南部、广西、广东大部分和海南以及福建南隅一小部分，不包括福建大部分和台湾。珠江水系发源于云贵高原，自西北往东南流经两广丘陵，在珠江三角洲注入南海。珠江流域地处亚热带，气候温暖，雨量充沛，水系发达，水生生物多样性丰富，尤其值得注意的是石灰岩地质约占珠江流域面积的一半，岩溶分布很广，形成遍布各地的地下河、落水洞、漏斗等岩溶地貌，盛产洞穴鱼类。

本书中，作者提供了50多种典型洞穴鱼类图片。这些洞穴鱼类，多数是局限分布于一处，非当地人不容易见到。还有一些长年隐匿于地下河中生活的盲鱼，更是难得一见。它们体色乳白或肉红，略显透明，眼球退化，靠特殊的感觉器官探寻食物，在完全黑暗的环境中完成生活史。生活习性特殊的洞穴鱼类是研究生物适应极端环境产生特异性变化的好材料，也为研究古气候、古地理变化提供参考依据，具有珍贵的科学价值。洞穴鱼类个体数量本来就很少，并且容易受到修路、抽水、水质污染等人类活动的不利影响，有必要妥善地加以保护。金线鲃属（*Sinocyclocheilus*）的所有物种早在1988年就被列为国家二级重点保护野生动物，未经省级以上水生野生动物保护主管部门批准，不得随意捕捞。

本书作者历时十余年，涉水探洞，不辞辛苦，拍摄了大量的原色图片，使广大群众特别是青少年对鱼类的认识更加直观，对鱼类的保护更加自觉。因此，本书的出版也为生态文明建设做出了一定贡献。

中国科学院院士
中国鱼类学会理事长

2015年2月2日

前言

幅员辽阔的祖国大地，生物资源极为丰富，鱼类物种更是丰富多彩，仅淡水鱼类种类就超过 1 000 种。珠江是继长江、黄河之后的中国第三大河流，流域覆盖我国南方大部分地区。珠江发源于云贵高原的云南境内，由云南流经贵州、广西、广东，汇合于湖南、江西的东江后注入南海，是我国鱼类资源极为丰富的河流。珠江流域气候温和湿润，适宜动植物栖息繁衍，1989 年出版的《珠江鱼类》记录了珠江鱼类 296 种。近年来的研究工作大大地丰富了鱼类物种数量，2013 年出版的《广西洞穴鱼类》就记录珠江流域广西境内洞穴鱼类 61 种。据不完全统计，生活于珠江流域的鱼类有近 400 种。我国南方沿海单独入海的河流生活着丰富而特殊的咸淡水和纯淡水鱼类。由珠江流域的河流、洞穴、沿海单独入海的河流生活的鱼类，共同组成了我国南方的淡水鱼类。

我国南方地区的广东、广西、贵州南部和云南东南部的珠江水系中、上游，江河纵横、水库星罗棋布，是典型的喀斯特地貌，隐藏着无数千奇百怪的溶洞、地下河。独特的山川地形，特殊的生态系统为生物提供了丰富多样的生活环境，该区域中的淡水鱼类就是在这复杂的自然界广泛分布，体形千姿百态，体色绚丽多彩，鱼类区系复杂，是国内水生生物多样性最为丰富的地区之一，也是全球生物多样性研究的热点地区，渔业自然资源条件十分优越，鱼类种质资源十分丰富。我国南方沿海诸河，单独入海，由于地理隔离，栖息着种类繁多，且是不同科级分类阶元的纯淡水和半咸水鱼类，这就为我国南方增添了更为丰富的鱼类物种。鱼类原色图是以实地采集活体，模拟相似的生态环境拍摄的活体照片，记录鱼体固有的形态、体色等特征，鱼体色还原真实，色彩绚丽，展现各种鱼类婀娜多姿的美态，生态环境逼真。并以简短的文字记述其分类地位、鉴别特征、生活习性、种群状况、地理分布等。彩图能弥补以往专著对鱼类物种文字描述的不足。我们试图以图谱展示中国南方地区的淡水鱼类资源，普及自然科学知识。

由中国科学院水生生物研究所、农牧渔业部水产局和上海自然博物馆合作，分别于 1982 年 7 月、1988 年 7 月和 1993 年 5 月出版了《中国淡水鱼类原色图集》第一、第二、第三集，展示了长江、珠江和我国北部地区的鱼类。1986 年 7 月曾晴贤撰写的《台湾的淡水鱼类》更是一部图片精美的台湾淡水鱼类原色图书。2013 年出版的《广西洞穴鱼类》也展示了 61 种洞穴鱼类的活体彩图。数码照相机的诞生和普及大大提高了图像质量，也使摄影工作更加便捷，效果更好。作者在多年开展鱼类资源调查、采集鱼类标本的同时结缘鱼类原色图摄影工作，鱼类照片的所有种类都是南方地区江河干、支流及喀斯特地貌洞穴、地下河的鱼类。10 余年的拍摄，我们踏遍了广西的各个角落以及云南东南部、贵州的黔东南地区、湖南、广东、海南等地的山山水水，行程达数万千米，各江河及喀斯特地貌众多的洞穴等都留下了我们的足迹。先后拍摄了数万张鱼类照片，作者保存下来的第一张鱼类数码照片是 2002 年 8 月 24 日的一张无眼岭鳅的照片。截至目前，已拍摄鱼类活体照片 320 种，其中典型洞穴鱼类 56 种，隶属 16 目 45 科 147 属，约占南方地区淡水鱼类总数的 60%。

野外拍摄工作是在多位同行、专家学者的鼎力帮助下完成的，尤其感谢都安瑶族自治县水产技术推广站韦日锋高级工程师长期协助参与野外拍照和标本采集；华南农业大学田明义教授，广西水产畜牧兽医学校朱瑜高级讲师，广西水产局退休老专家林岗先生，中国长江三峡集团公司中华鲟研究所姚江莉老师，华中农业大学梁旭方教授，广西大学程光平教授、郑惠芳副教授，广西水产科学研究院施军工程师，广西梧州市渔政站陈勇佳站长，广西大化县水产畜牧兽医局韦冠勇副局长、大化县水产技术推广站黄松高级工程师，广西宾阳县水产技术推广站覃旭传工程师、蓝永保工程师，广西北流市水产技术推广站伍伦彪工程师，广西大明山国家级自然保护区班大雄工程师，广西凌云县渔政站许秀熙同志，云南石林黑龙潭水库管理处李维贤研究员，中国科学院水生生物研究所张鹗研究员，中国科学院动物研究所张春光研究员和赵亚辉副研究员对本工作都给予了大力帮助；上海海洋大学唐文乔教授，中国科学院昆明动物研究所杨君兴研究员、陈小勇博士、潘晓赋先生给本书提出了很多宝贵的修改意见，谨在此表示深切的谢意。

蓝家湖 甘西

2015 年 8 月 8 日

目录

魟科 Dasyatidae

1. 赤魟 *Dasyatis akajei* (Müller & Henle, 1841)

【分类地位】 鲼形目 Myliobatiformes 魟科 Dasyatidae 魟属 *Dasyatis*。

【鉴别特征】 体近圆形，吻端尖。眼小。喷水孔位于眼后。口、鼻孔和鳃孔位于腹面。口小，横裂，口底有 5 个乳突；齿细小。腹鳍后缘平截。尾细长呈鞭状，尾前部有 1~2 枚具锯齿扁平尾刺。体背面赤褐色，边缘略淡；腹面乳白色。

【生活习性】 底栖鱼类，常居深潭，喜在以卵石为底质的江段生活，多在夜间活动。主要以小鱼、小虾、水生昆虫及蚬、蚌等软体动物为食。春季繁殖，体内受精，秋季产仔；卵胎生，每胎产仔 7~8 个；雌鱼有护幼现象。

【种群状况】 种群数量少。

【地理分布】 主要分布在南方沿海各河流，珠江各支流，左江、右江、柳江、龙江都有分布。

鲟科 Acipenseridae

2. 中华鲟 *Acipenser sinensis* Gray, 1835

【分类地位】 鲟形目 Acipenseriformes 鲟科 Acipenseridae 鲟属 *Acipenser*。

【鉴别特征】 体近圆筒形。头延长，呈三角形，背面具骨板。吻延长，吻端尖而略上翘。口下位；无齿；唇具细小乳突；口前有 2 对须。鳃孔大；鳃耙细尖，排列稀疏。体被 5 纵行骨板，骨板具棘状突起。背鳍基部较短，起点靠后；腹鳍小，在背鳍起点前下方；臀鳍起点在背鳍中部下方；尾鳍上叶明显长于下叶。肛门在臀鳍起点前方。体背部青灰色，腹部略白。各鳍灰色，边缘色浅。

【生活习性】 为溯河产卵的洄游性鱼类。

【种群状况】 种群数量少，已被列为国家 Ⅰ 级野生保护动物。

【地理分布】 南方沿海均有分布，可洄游到淡水河流中。

海鲢科 Elopidae

3. 海鲢 *Elops Saurus* Linnaeus, 1766

【分类地位】 海鲢目 Elopiformes 海鲢科 Elopidae 海鲢属 *Elops*。

【鉴别特征】 体长棒形，腹部略平。头长，腹面具喉板。口大，上、下颌等长，口裂末端可达眼后缘下方。牙细小，呈绒毛状。体被小圆鳞。背鳍外缘内凹；胸鳍短，不达腹鳍起点；腹鳍起点位于背鳍起点之前或相对；臀鳍外缘内凹；尾鳍深分叉。体背部深绿色，头部具黄色光泽。体侧及腹部白色。背鳍和尾鳍边缘为黑色，其余各鳍呈淡黄色。

【生活习性】 为洄游性鱼类。

【种群状况】 种群数量少，只偶尔见到。

【地理分布】 我国南方沿海河口均有分布，在珠江偶尔上溯到梧州河段。

鲱科 Clupeidae

4. 斑鰶 *Konosirus punctatus* (Temminck & Schlegel, 1846)

【分类地位】 鲱形目 Clupeiformes 鲱科 Clupeidae 斑鰶属 *Konosirus*。

【鉴别特征】 体侧扁。腹缘有锯齿状棱鳞。头侧扁。吻圆钝。口小，上颌长于下颌。体被圆鳞，似六角形。胸鳍和腹鳍基部有腋鳞。无侧线。背鳍起点在腹鳍起点的前上方，末根鳍条延长呈丝状；胸鳍后伸达腹鳍起点；腹鳍起点与背鳍起点相对；尾鳍深分叉。体背淡青绿色，体侧及腹部银白色；鳃盖略黄。尾鳍后缘黑色。

【生活习性】 栖息于入海河流中。

【种群状况】 沿海河口常见种类。

【地理分布】 南方沿海地区入海诸河均有分布，在珠江可上溯至梧州、桂平一带。

鳀科 Engraulidae

5. 七丝鲚 *Coilia grayii* Richardson, 1845

【分类地位】 鲱形目 Clupeiformes 鳀科 Engraulidae 鲚属 *Coilia*。

【鉴别特征】 个体小。体延长，侧扁，向后渐细尖。背缘平直。腹部棱鳞显著。头短。吻短、钝。口大，下位。鳃孔大，鳃耙细长。鳃盖膜不与峡部相连。体被圆鳞，无侧线。背鳍位于体前半部；臀鳍长，连于尾鳍；胸鳍上方有数根游离鳍条，呈丝状延长。体银白色，尾鳍末端略黑。

【生活习性】 为溯河洄游鱼类。

【种群状况】 数量较多。

【地理分布】 珠江干流及中游各支流，左江、右江、桂江及南方各入海河流均有分布。

鳗鲡科 Anguillidae

6. 日本鳗鲡 *Anguilla japonica* Temminck & Schlegel, 1846

【分类地位】 鳗鲡目 Anguilliformes 鳗鲡科 Anguillidae 鳗鲡属 *Anguilla*。

【鉴别特征】 体细长如蛇状，前部圆柱形，尾部侧扁。奇鳍相连。背鳍起点距鳃孔的距离大于距肛门的距离；臀鳍起点与背鳍起点的距离为头长的 1/2~2/3。尾鳍圆钝。体青灰色，腹部白色，无斑点。

【生活习性】 日本鳗鲡为降河入海产卵的洄游性鱼类。成鱼栖息于江河湖泊及水库底层，白天潜伏在洞穴或石缝中，夜间出来活动。成鱼以小型鱼虾、水生昆虫等为食。

【种群状况】 数量较少。

【地理分布】 在我国南方各江河都有分布。

7. 花鳗鲡 *Anguilla marmorata* Quoy & Gaimard, 1824

【分类地位】 鳗鲡目 Anguilliformes 鳗鲡科 Anguillidae 鳗鲡属 *Anguilla*。

【鉴别特征】 体延长，躯干近圆筒形。背鳍起点在鳃孔后上方，距鳃孔的距离小于距肛门的距离。背、臀鳍发达，与尾鳍相连。体背部密布黄绿色斑点。

【生活习性】 为降河洄游性鱼类。成鱼栖息于江河、水库中，繁殖季节入海产卵，野生种群数量稀少，渔民用延绳钓偶尔能捕获。

【种群状况】 数量较少，属于国家二级重点保护野生动物。

【地理分布】 珠江上、中、下游各水系及南方各入海河流均有分布。

香鱼科 Plecoglossidae

8. 香鱼 ***Plecoglossus altivelis*** **Temminck & Schlegel, 1846**

【分类地位】 胡瓜鱼目 Osmeriformes 香鱼科 Plecoglossidae 香鱼属 *Plecoglossus*。

【鉴别特征】 体延长，侧扁。吻钝，前部下弯形成吻钩。下颌前端左、右各有1个突起；口裂伸达眼后缘的下方。体被细圆鳞。侧线平直。背鳍在腹鳍的前上方；尾鳍分叉；脂鳍小。体背部青灰色，腹面略白。胸鳍上方体侧具1块黄斑。

【生活习性】 栖息于入海河流内 。

【种群状况】 种群数量多。

【地理分布】 南方沿海各地入海河流均有分布。

银鱼科 Salangidae

9. 太湖新银鱼 ***Neosalanx taihuensis* Chen, 1956**

【分类地位】 胡瓜鱼目 Osmeriformes 银鱼科 Salangidae 新银鱼属 *Neosalanx*。

【鉴别特征】 体细长，前躯呈圆筒形，后躯侧扁。头部扁平。口裂小。前颌骨、上颌骨和下颌骨各有 1 行细齿。背鳍起点位于腹鳍基之后；胸鳍扇形，具肉质基柄；脂鳍小；尾鳍分叉。体白色，略透明；尾鳍灰黑色。

【生活习性】 栖息于江河、湖泊、水库内。

【种群状况】 种群数量多，是南方部分湖泊、水库重要的小型经济鱼类。

【地理分布】 原产于长江中、下游湖泊。20 世纪 70 年代开始引入珠江水系各湖泊、水库。

10. 白肌银鱼 *Leucosoma chinensis* (Osbeck, 1765)

【分类地位】 胡瓜鱼目 Osmeriformes 银鱼科 Salangidae 白肌银鱼属 *Leucosoma*。

【鉴别特征】 体细长，前部呈圆柱状，后部侧扁。头尖长、平扁。吻尖呈三角形，眼小。上颌骨后端不达眼前缘的下方。上、下颌各有齿 1 行。尾鳍叉形。活体通体透明；沿腹侧有 1 行黑色小点，臀鳍前部有 1 块黑斑。

【生活习性】 为溯河洄游性鱼类，栖息于近海或河口咸淡水区域中。

【种群状况】 种群数量多。

【地理分布】 南方沿海地区及入海河流均有分布。

11. 短盖肥脂鲤 ***Piaractus brachypomus*** **(Cuvier, 1818)**

【分类地位】 脂鲤目 Characiformes 脂鲤科 Characidae 肥脂鲤属 *Piaractus*。

【鉴别特征】 体较高，近卵圆形，侧扁。吻钝。口端位。上、下颌各具2行尖齿。无须。侧线完全；胸鳍基部至肛门有腹棱；背鳍无硬刺；具脂鳍；尾鳍叉形。体色鲜艳，鳍色红；从眼后下方至臀鳍，散布由深到浅的鲜艳的红斑。

【生活习性】 适宜于池塘、水库等静水水域环境生活。

【种群状况】 种群数量多，是南方地区人工养殖的经济鱼类。

【地理分布】 原产于南美洲。现我国南方各地均有养殖。

胭脂鱼科 Catostomidae

12. 胭脂鱼 *Myxocyprinus asiaticus* (Bleeker,1864)

【分类地位】 鲤形目 Cypriniformes 胭脂鱼科 Catostomidae 胭脂鱼属 *Myxocyprinus*。

【鉴别特征】 体侧扁，吻端到背鳍起点直线向上隆起。口下位。唇表面具细小乳突。无须。背鳍 iv–50，臀鳍 iv–10–12。侧线鳞 $48\frac{11\text{–}13}{8\text{–}9}50$；鳞中等大；侧线完全。背鳍长，其基部延伸至臀鳍基部的后上方；胸鳍末端接近腹鳍起点；腹鳍末端不伸达肛门；尾鳍深叉形。幼体深褐色，体侧具 3 条黑色横纹。成鱼活体全身淡红色，从吻端至尾鳍基有 1 条胭脂红色的宽纵纹。

【生活习性】 观赏鱼类。

【种群状况】 种群数量少。

【地理分布】 原产于长江上游，在珠江流域无自然分布种群，仅有部分养殖群体。

条鳅科 Nemacheilidae

13. 颊鳞异条鳅 *Paranemachilus genilepis* Zhu, 1983

【分类地位】 鲤形目 Cypriniformes 条鳅科 Nemacheilidae 异条鳅属 *Paranemachilus*。

【鉴别特征】 体小粗壮，侧扁。头部略平扁。前、后鼻孔紧相邻，前鼻孔在 1 个短的管状突起中。口亚下位。须长。身体被细密鳞片，头侧两颊被有小鳞。侧线不完全，终止在胸鳍上方。身体浅褐色；背部具不规则的深褐色小斑。

【生活习性】 栖息于洞穴中。每年发洪水时即游出洞外觅食成长。

【种群状况】 有一定的种群数量。

【地理分布】 分布于广西扶绥县昌平乡喀斯特地区的洞穴中。

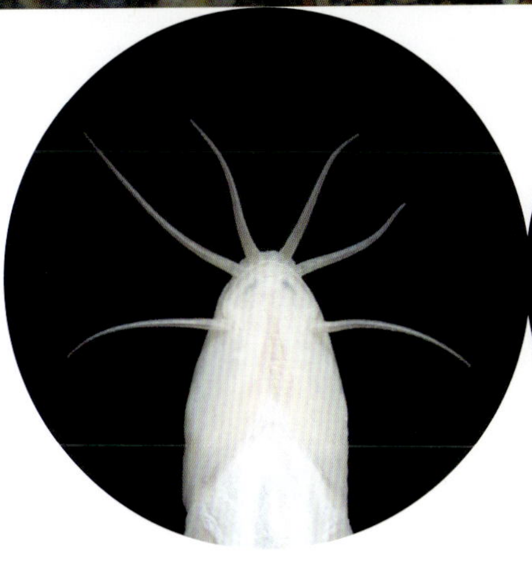

14. 平果异条鳅 *Paranemacheilus pingguoensis* Gan, 2013

【分类地位】 鲤形目 Cypriniformes 条鳅科 Nemacheilidae 异条鳅属 *Paranemacheilus*。

【鉴别特征】 体粗壮，侧扁。头部略平扁。前、后鼻孔紧相邻，前鼻孔在 1 个短的管状突起中。须 3 对，较长。背鳍位于体中部之后。胸鳍短；尾鳍后缘凹入。除头部外，身体被细密的鳞片。侧线不完全，止于胸鳍末端上方。身体黄绿色；头部、体侧和背部具不规则小斑点。体侧中部的斑点颜色变深，形成 1 条纵纹。

【生活习性】 在每年的雨水季节，有 2~3 个月的时间，洞穴出口的空地常被淹没形成小湖泊，平果异条鳅出洞在此觅食。

【种群状况】 在分布区有一定的种群数量，为当地居民主要的捕捞对象之一。

【地理分布】 分布于广西平果县果化镇境内的洞穴中。

15. 美丽中条鳅 *Traccatichthys pulcher* (Nichols & Pope, 1927)

【分类地位】 鲤形目 Cypriniformes 条鳅科 Nemacheilidae 中条鳅属 *Traccatichthys*。

【鉴别特征】 体侧扁，尾柄短。头稍平扁。前、后鼻孔紧相邻，前鼻孔在1个短的管状突起中。口亚下位。唇厚，表面具乳突。上颌中部有1个齿形突起，下颌匙状。身体被小鳞。侧线完全。背鳍位于体中部或略前，背鳍基部长；尾鳍后缘平直或浅凹。身体深橄榄绿色。沿侧线有1行呈孔雀绿色的横斑纹，并有亮蓝色闪光。各鳍粉红色。尾鳍基部有1个深绿色斑点。

【生活习性】 喜栖息于缓流和静水的多水草区域。可作为观赏鱼类养殖。

【种群状况】 为常见种。

【地理分布】 我国南方各河流均有分布。

16. 透明间条鳅 ***Heminoemacheilus hyalinus*** **Lan, Yang & Chen, 1996**

【分类地位】 鲤形目 Cypriniformes 条鳅科 Nemacheilidae 间条鳅属 *Heminoemacheilus*。

【鉴别特征】 体短，尾柄上、下缘具鳍褶。前、后鼻孔相连，前鼻孔在 1 个短管中，短管后缘延长呈短须状。无眼。唇面具浅褶，下唇中央具有 1 个缺刻。须 3 对，均较短。身体部分被稀疏的鳞片。侧线不完全。身体透明，内脏可辨。浸制标本乳白色，通体无色素。

【生活习性】 栖息于地下河内。

【种群状况】 数量极少。

【地理分布】 目前仅分布于广西都安瑶族自治县保安乡一地下河中。

17. 小间条鳅 ***Heminoemacheilus parva* Zhu & Zhu, 2014**

【分类地位】 鲤形目 Cypriniformes 条鳅科 Nemacheilidae 间条鳅属 *Heminoemacheilus*。

【鉴别特征】 体小，头部平扁，背鳍基后部身体侧扁。头较大，头宽明显大于头高。吻圆钝。口小，亚下位。上、下唇薄，表面具浅褶。前、后鼻孔相连，前鼻孔位于 1 短管中，末端斜截。吻 3 对，外侧吻须最长。无眼或仅有 1 个小黑点。背鳍起点位于腹鳍起点后，外缘平截；胸鳍尖，末端不达腹鳍起点；尾鳍内凹。尾柄上、下缘具鳍褶。通体裸露无鳞。体侧侧线孔明显。全身透明，鳃部和胸、腹部血红色。

【生活习性】 栖息于溶洞中。

【种群状况】 种群数量极少。

【地理分布】 仅分布于珠江水系上流靖西市左江流域 1 个溶洞中。

18. 郑氏间条鳅 ***Heminoemacheilus zhengbaoshani* Zhu & Cao, 1987**

【分类地位】 鲤形目 Cypriniformes 条鳅科 Nemacheilidae 间条鳅属 *Heminoemacheilus*。

【鉴别特征】 身体粗壮。前、后鼻孔相连，前鼻孔在 1 短管中。眼正常。须长，能伸达主鳃盖骨后缘。除头部外，身体密被小鳞。侧线不完全，终止在胸鳍上方。身体浅褐色；部分个体背、侧面具白色圆斑；腹部浅黄色，无斑纹。

【生活习性】 栖息于溶洞中。

【种群状况】 种群数量少。

【地理分布】 分布于都安瑶族自治县地苏乡地下河和大化瑶族自治县六也乡境内地下溶洞中，属红水河水系。

19. 丽纹云南鳅 *Yunnanilus pulcherrimus* Yang, Chen & Lan, 2004

【分类地位】 鲤形目 Cypriniformes 条鳅科 Nemacheilidae 云南鳅属 *Yunnanilus*。

【鉴别特征】 体纺锤形，侧扁。前、后鼻孔分开，前鼻孔短管状。口小，亚下位。唇发达，表面具褶；下唇中央具1个小缺刻。须3对，较长。除头部外，全身被细密鳞片。侧线止于胸鳍末端上方。体黄绿色；身体具黑褐色细横斑12~17条，除腹鳍之前的数条横斑中断于腹中线，其余横斑均环绕身体1周；自吻端沿体侧中轴至尾鳍基有1条黑褐色纵纹。本种个体小而体色艳丽，色彩斑斓。

【生活习性】 栖息于江河中，可作观赏鱼。

【种群状况】 有一定的种群数量。

【地理分布】 分布于广西都安瑶族自治县境内红水河支流的澄江、地苏河中。

20. 后鳍云南鳅 *Yunnanilus retrodorsalis* (Lan, Yang & Chen, 1995)

【分类地位】 鲤形目 Cypriniformes 条鳅科 Nemacheilidae 云南鳅属 *Yunnanilus*。

【鉴别特征】 体延长。吻略尖。前、后鼻孔分开 1 段短距离；前鼻孔位于 1 短管中。眼大，侧上位。背鳍分枝鳍条 7 根。除头部外，身体各部均被细密鳞片。侧线不完全，仅在头的后方具 3~4 个侧线孔。体青灰色，体侧具深灰色小斑块，自鳃盖后缘沿体中轴至尾鳍基有 1 条深灰色纵纹。

【生活习性】 栖息于洞穴中，洪水季节出洞觅食。

【种群状况】 种群数量少。

【地理分布】 分布在广西南丹县六寨镇、月里镇的喀斯特地貌的洞穴中。

21. 长须云南鳅 ***Yunnanilus longibarbatus*** **Gan, Chen & Yang, 2007**

【分类地位】 鲤形目 Cypriniformes 条鳅科 Nemacheilidae 云南鳅属 *Yunnanilus*。

【鉴别特征】 体背及体侧散布虫状纹，雄性个体自头后沿体侧中轴至尾鳍基有 1 条黑褐色纵纹。体粗壮，纺锤形。前、后鼻孔分开，前鼻孔短管状。眼大，侧上位。口小，次下位。须 3 对，发达。背鳍分枝鳍条 8 根。除头部外，通体被鳞，鳞片或隐于皮下。无侧线。体色浅黄；尾鳍基下半部具 1 块黑色斑块。部分个体体侧沿中线具 1 条黑色条纹。

【生活习性】 栖息于地下河中。

【种群状况】 种群数量少。

【地理分布】 分布于广西都安瑶族自治县高岭镇地下河、地苏乡地下河等地。

22. 靖西云南鳅 *Yunnanilus jinxiensis* Zhu, Du & Chen, 2009

【分类地位】 鲤形目 Cypriniformes 条鳅科 Nemacheilidae 云南鳅属 *Yunnanilus*。

【鉴别特征】 本种是云南鳅属个体较大的种类。体纺锤形。前、后鼻孔分开1段短距离，前鼻孔短管状，末端斜截。眼中等大。口小，亚下位。上、下唇表面具皱褶。须3对，较长。背鳍分枝鳍条8~9根。除头部外，全身被鳞。侧线不完全，具侧线孔15~20个。体浅黄色，腹部略白；头背、体背散布虫状纹，体中轴沿侧线具1条黑色纵纹，尾鳍基部具1条黑色横纹。

【生活习性】 栖息于洞穴中。

【种群状况】 种群数量少。

【地理分布】 分布于广西靖西市禄峒镇，那坡县坡荷乡等地的洞穴中。

23. 白莲云南鳅 *Yunnanilus bailianensis* Yang, 2013

【分类地位】 鲤形目 Cypriniformes 条鳅科 Nemacheilidae 云南鳅属 *Yunnanilus*。

【鉴别特征】 体短小，纺锤形。吻钝圆。前、后鼻孔分开1段短距离，前鼻孔短管状，末端斜截。眼明晰。口小，下位。上、下唇表面具皱褶。须3对，均较长。通体裸露无鳞。无侧线。体呈淡黄色。沿体中轴有1条由黑色斑点组成的纵纹。头背面和体侧纵纹上部具黑色点状斑。

【生活习性】 栖息于洞穴中。

【种群状况】 种群数量少。

【地理分布】 分布于广西柳州市区白莲洞中，

24. 叉尾岭鳅 *Oreonectes furcocaudalis* Zhu & Cao, 1987

【分类地位】 鲤形目 Cypriniformes 条鳅科 Nemacheilidae 岭鳅属 *Oreonectes*。

【鉴别特征】 体小、延长，侧扁。口下位。须 3 对。前、后鼻孔分开 1 段短距离，前鼻孔在 1 个短的管状突起中，末端延长呈须状。眼小。身体后躯被稀疏的小鳞。侧线不完全，侧线孔终止于胸鳍末端之前。背鳍分枝鳍条 8 根，腹鳍分枝鳍条 7 根。尾柄上、下缘具软鳍褶。尾鳍叉形。体灰色，背部略黄；身体无斑纹。

【生活习性】 栖息于洞穴中。

【种群状况】 种群数量极少。

【地理分布】 仅分布于广西融水县城郊 1 个洞穴中。

25. 小眼岭鳅 *Oreonectes microphthalmus* Du, Chen & Yang, 2008

【分类地位】 鲤形目 Cypriniformes 条鳅科 Nemacheilidae 岭鳅属 *Oreonectes*。

【鉴别特征】 体延长。吻长。口下位。唇薄，表面光滑。须3对。前、后鼻孔分开1段短距离，前鼻孔位于1个短管中，末端延长呈须状。眼退化，仅残留呈1个小黑点。腹鳍分枝鳍条7根。尾柄上、下缘具发达的软鳍褶；尾鳍叉形。通体裸露无鳞或体表被有退化程度不一的鳞片。侧线孔不完全，终止于胸鳍末端之前。体透明，鳃部呈鲜红色。无色素。

【生活习性】 栖息于洞穴中。

【种群状况】 种群数量极少。

【地理分布】 仅分布于广西罗城县天河镇1个洞穴中。

26. 大鳞岭鳅 *Oreonectes macrolepis* Huang, Du, Chen & Yang, 2009

【分类地位】 鲤形目 Cypriniformes 条鳅科 Nemacheilidae 岭鳅属 *Oreonectes*。

【鉴别特征】 体延长，头平扁。口下位。唇表面光滑。须3对。前、后鼻孔分开1段短距离，前鼻孔位于管状突起中，末端延长呈须状。眼退化，仅残留1个黑色眼点。尾柄具发达的软鳍褶。尾鳍叉形。除头、胸腹部外，身体其他部位被有细密的鳞片，沿侧线的鳞片较大。侧线不完全，具5~12个侧线孔。体灰白色，半透明；头和身体的背部散布黑色点状斑。

【生活习性】 栖息于洞穴中。

【种群状况】 种群数量极少。

【地理分布】 仅分布于广西环江县大才乡1个洞穴中。

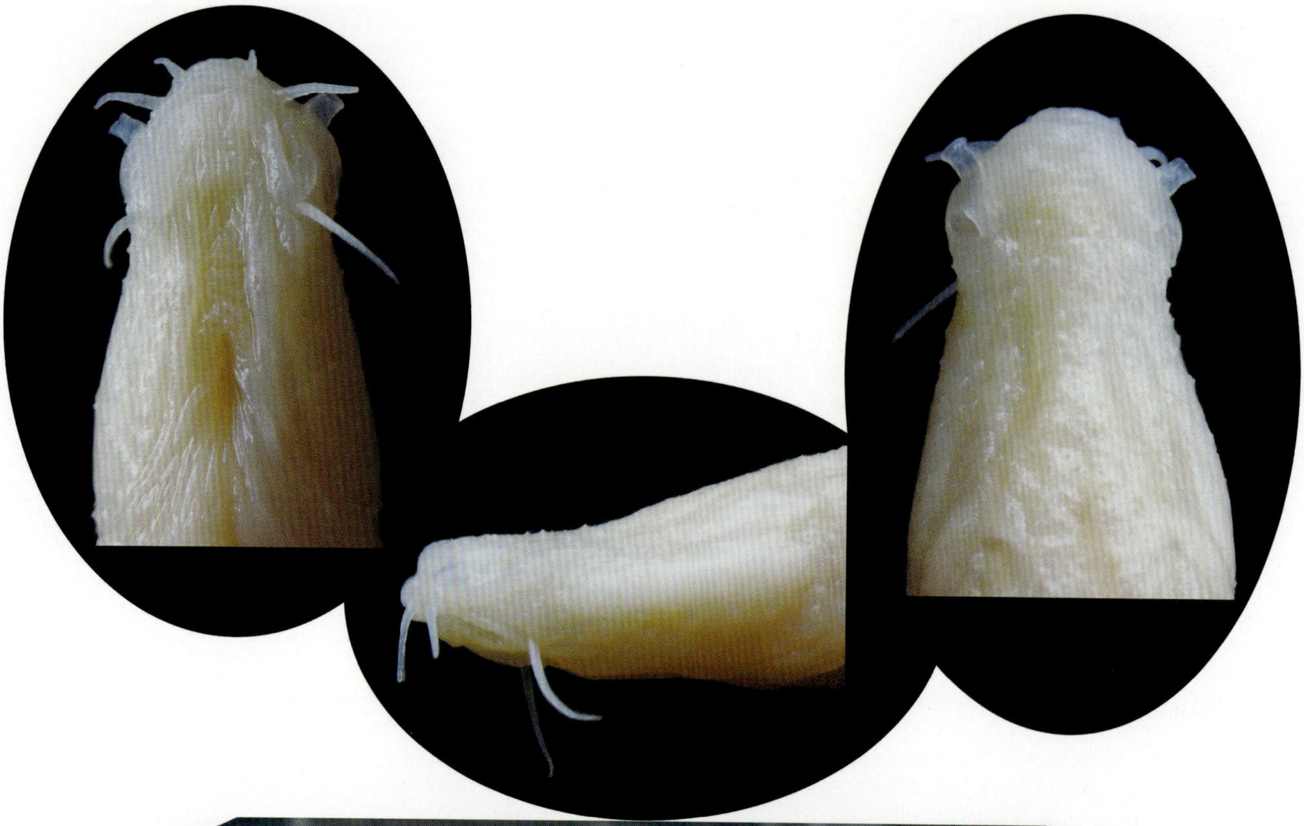

27. 弓背岭鳅 *Oreonectes acridorsalis* Lan, 2013

【分类地位】 鲤形目 Cypriniformes 条鳅科 Nemacheilidae 岭鳅属 *Oreonectes*。

【鉴别特征】 体延长，侧扁。左、右颊部在口角至主鳃盖骨前缘之间有带状肉质突起。口下位，弧形。下唇表面具浅皱。须3对。前、后鼻孔分开一定距离；前鼻孔位于1个短管状突起中，管状末端平截。无眼。通体无鳞。无侧线。头部侧线管系统不发达。尾鳍叉形，上、下叶略圆钝。通体淡黄色，半透明状；无色斑，各鳍透明。

【生活习性】 栖息于洞穴中。

【种群状况】 种群数量极少。

【地理分布】 仅分布于天峨县岜暮乡附近1个洞穴中。

28. 都安岭鳅 *Oreonectes duanensis* Lan, 2013

【分类地位】 鲤形目 Cypriniformes 条鳅科 Nemacheilidae 岭鳅属 *Oreonectes*。

【鉴别特征】 体延长，前躯呈圆筒形。口下位。下唇表面具浅皱。须 3 对。前、后鼻孔几乎相连，前鼻孔位于管状突起中，管状突起末端延长呈须状。眼小，退化呈小黑点状。头部和胸腹部裸露，体侧鳞片隐于皮下。无侧线。背鳍分枝鳍条 9~10 根。尾柄上、下缘具明显软鳍褶。尾鳍叉形。通体淡黄色，半透明状；无色斑，各鳍透明。

【生活习性】 栖息于洞穴中。

【种群状况】 种群数量极少。

【地理分布】 分布于广西都安瑶族自治县澄江乡 1 个洞穴中。

29. 弱须岭鳅 *Oreonectes barbatus* Gan, 2013

【分类地位】 鲤形目 Cypriniformes 条鳅科 Nemacheilidae 岭鳅属 *Oreonectes*。

【鉴别特征】 体延长，侧扁。口下位，口裂呈马蹄形。下唇前缘表面具细小乳突。须 3 对，较纤细。前、后鼻孔不相连，分开 1 段短距离；前鼻孔位于 1 个短管状突起中，短管向后斜截，末端残留呈 1 条短须。无眼。通体无鳞。无侧线。尾柄上、下具明显的软鳍褶。尾鳍深分叉。通体粉红色，半透明状；身体无色斑，各鳍透明。

【生活习性】 栖息于洞穴中。

【种群状况】 种群数量极少。

【地理分布】 分布于广西南丹县里湖瑶族乡境内 1 个洞穴中。

30. 东兰岭鳅 *Oreonectes donglanensis* Wu, 2013

【分类地位】 鲤形目 Cypriniformes 条鳅科 Nemacheilidae 岭鳅属 *Oreonectes*。

【鉴别特征】 体延长，前躯呈圆筒形。尾柄高，侧扁。口下位。下唇分左、右两叶，表面具浅皱，中央具1条浅沟。须3对。前、后鼻孔分开1段短距离，前鼻孔位于管状突起中，管状突起末端延长呈须状。眼小，退化呈1个小黑点状。身体裸露无鳞。侧线不完全，终止于胸鳍基部后端上方。背鳍分枝鳍条9根；尾鳍叉形。身体浅褐色，鳃部略红；头背面、身体侧面和背部具灰色色素点；各鳍透明，无色素。

【生活习性】 栖息于洞穴中。

【种群状况】 种群数量极少。

【地理分布】 分布于广西东兰县泗孟乡1个洞穴中。

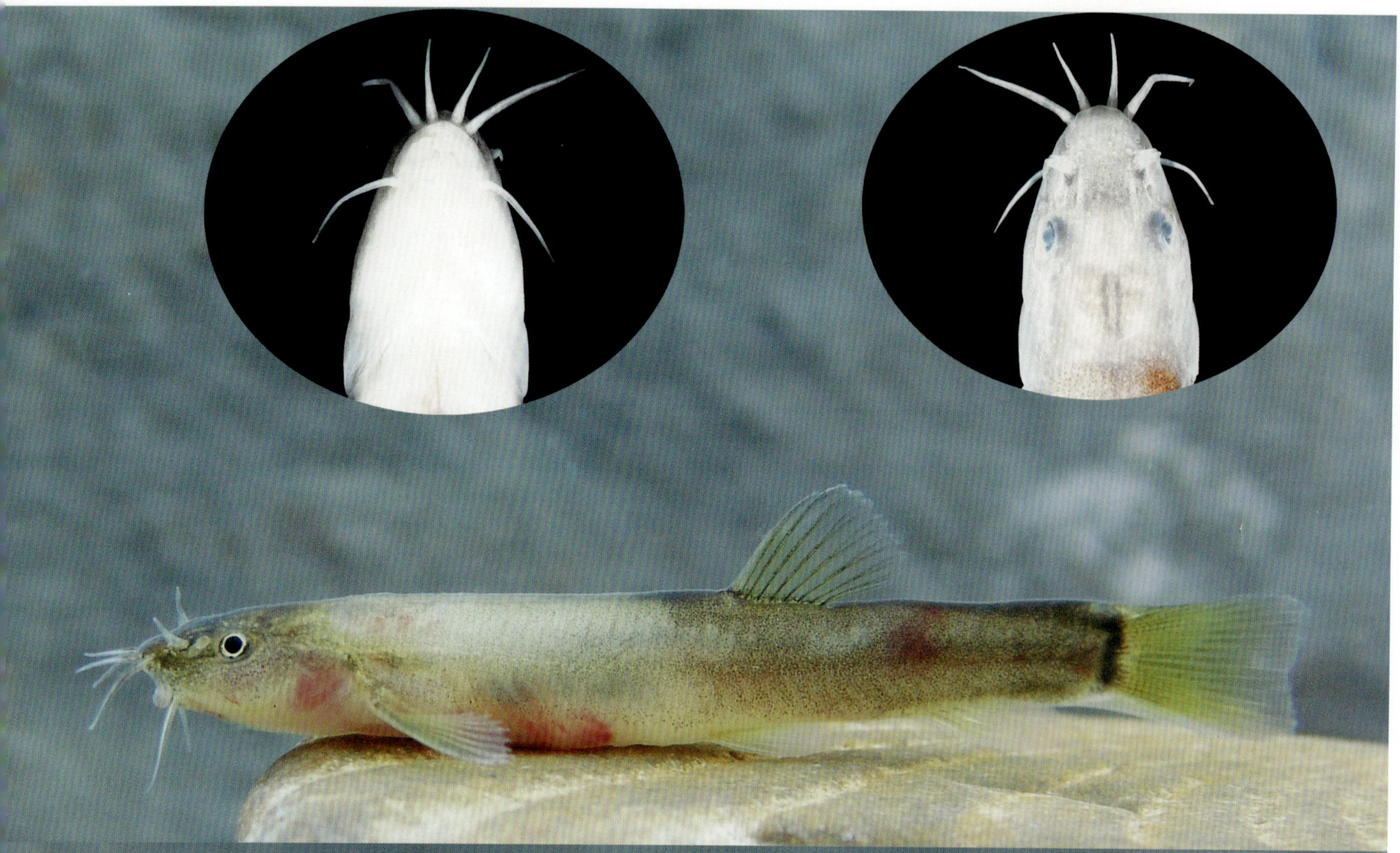

31. 水龙岭鳅 *Oreonectes shuilongensis* Deng, Xiao, Hou & Zhou, 2016

【分类地位】 鲤形目 Cypriniformes 条鳅科 Nemacheilidae 岭鳅属 Oreonectes。

【鉴别特征】 体细长，前躯近圆筒形，后躯侧扁。头平扁。口下位。下唇表面具浅褶皱。须3对。前、后鼻孔分开一短距，前鼻孔位于管状突起中，管状突起末端延长成须状，鼻须长大于基部短管。眼明晰。通体无鳞。腹鳍起点明显位于背鳍起点之前。臀鳍分枝鳍条6。尾鳍略内凹。生活时身体浅棕色；头背面、体侧及背部具深褐色色素点，背体部更为密集；各鳍透明。

【生活习性】 洞穴鱼类。

【种群状况】 种群数量极少且个体很小。

【地理分布】 分布于贵州三都县水龙乡附近一洞穴。

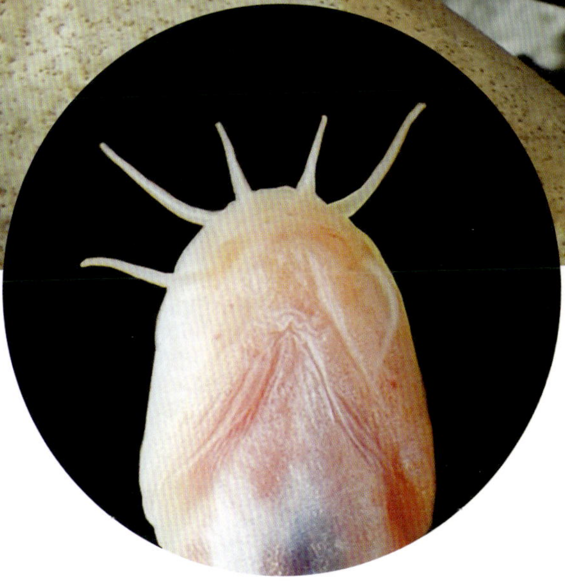

32. 无眼岭鳅 *Oreonectes anophthalmus* **Zheng, 1981**

【分类地位】 鲤形目 Cypriniformes 条鳅科 Nemacheilidae 岭鳅属 *Oreonectes*。

【鉴别特征】 体延长，前躯圆筒形。头平扁，吻部圆钝。前、后鼻孔分开 1 段短距离；前鼻孔在 1 个短的管状突起中。无眼。口下位，弧形。唇光滑。下颌匙状。须 3 对。皮肤光滑，通体无鳞。无侧线孔。尾柄上、下缘具鳍褶。尾鳍后缘平截。通体半透明，呈肉红色；眼眶内充满脂肪，各鳍透明、无色。

【生活习性】 栖息于地下河中。

【种群状况】 种群数量极少。由于旅游开发，本种的生境已受到干扰和一定程度的破坏。

【地理分布】 仅分布于广西南宁市武鸣区城厢镇夏黄村的起凤山太极洞及其附近的地下河中。

33. 平头岭鳅 *Oreonectes platycephalus* Günther, 1868

【分类地位】 鲤形目 Cypriniformes 条鳅科 Nemacheilidae 岭鳅属 *Oreonectes*。

【鉴别特征】 体延长。头部平扁。前、后鼻孔分开1段短距离，前鼻孔在1个短的管状突起中，管状突起的顶端延长如须。眼小。唇面光滑或有浅皱。须3对。除头部外，整个身体被小鳞。侧线不完全，终止于胸鳍上方。尾鳍后缘外凸，呈圆弧形。体浅棕色，背、侧部褐色；尾鳍基部有1条深褐色横条纹。背、尾鳍有小斑点。

【生活习性】 栖息于江河中、山区溪流。

【种群状况】种群数量多，为小型经济鱼类之一。

【地理分布】 本种分布较广，珠江流域的广东、广西、贵州、云南均有分布。

34. 罗城岭鳅 *Oreonectes luochengensis* Yang, Wu, Wei & Yang, 2011

【分类地位】 鲤形目 Cypriniformes 条鳅科 Nemacheilidae 岭鳅属 *Oreonectes*。

【鉴别特征】 体延长，头平扁。吻圆钝。口下位。下唇表面具浅皱。须 3 对。前、后鼻孔分开 1 段短距离，前鼻孔位于管状突起中，管状突起末端延长呈须状。眼明晰。头部和胸腹部无鳞，体侧鳞片不明显，隐于皮下。侧线不完全，具 6~13 个侧线孔。尾柄上、下有不明显的软鳍褶。尾鳍平截。全身乳白色，呈半透明状，身体无色斑。偶有小个体体色略深，具色素。

【生活习性】 栖息于洞穴中。

【种群状况】 种群数量少。

【地理分布】 本种已知的分布点仅为广西罗城县天河镇，距天河镇约 2 km 的小山洞中。

注：解剖了 1 尾采自 9 月的雌性标本，可见发育到Ⅲ ~ Ⅳ期的卵粒。

35. 多斑岭鳅 *Oreonectes polystigmus* Du, Chen & Yang, 2008

【分类地位】 鲤形目 Cypriniformes 条鳅科 Nemacheilidae 岭鳅属 *Oreonectes*。

【鉴别特征】 体延长，头平扁。前躯近圆筒形，后躯侧扁。口下位。唇薄，表面光滑。下颌匙状。须 3 对。前、后鼻孔分开 1 段短距离，前鼻孔位于管状突起中，末端延长呈须状。眼正常。尾柄上、下无软鳍褶。尾鳍圆弧形。除头部外，身体其他部位被有细密的鳞片。侧线不完全，具 6~8 个侧线孔。体褐色，体侧散布不规则的黑色斑点。体侧沿中轴具 1 条深黑色条纹。

【生活习性】 栖息于江河和溶洞中。

【种群状况】 有一定的种群数量，丰水期游出洞外，当地群众常常捕获。

【地理分布】 分布于广西桂林市雁山区大埠乡等地下溶洞中，以及富川县境内福利镇、新华乡等地，即桂江、贺江流域均有分布。

36. 关安岭鳅 *Oreonectes guananensis* Yang, Wei, Lan & Yang, 2011

【分类地位】 鲤形目 Cypriniformes 条鳅科 Nemacheilidae 岭鳅属 *Oreonectes*。

【鉴别特征】 体延长，前躯呈圆筒形。头平扁。口下位。下唇表面具浅褶皱。须3对。前、后鼻孔分开1段短距离，前鼻孔位于管状突起中，管状突起末端延长呈须状。眼明晰。头部无鳞，身体其他部位被有细密的鳞片，胸、腹部鳞片隐于皮下。侧线不完全，具7~13个侧线孔。尾鳍略平截。尾柄上、下缘软鳍褶不明显。身体浅棕色，后躯略红；背、侧部具不规则深褐色浊状斑，体侧沿侧线具1条深褐色条纹；各鳍无斑纹。

【生活习性】 栖息于洞穴中。

【种群状况】 有一定的种群数量，丰水期常被当地群众捕捞。

【地理分布】 分布于广西环江县境内的地下溶洞中。

37. 无斑南鳅 *Schistura incerta* (Nichols, 1931)

【分类地位】 鲤形目 Cypriniformes 条鳅科 Nemacheilidae 南鳅属 *Schistura*。

【鉴别特征】 体延长，吻圆钝。口下位。唇薄，唇面具浅皱。上颌中部有 1 个齿状突起；下颌匙状，前缘中部有 1 个“V”形缺刻。须 3 对。身体被细鳞。侧线完全。繁殖季节，雄性唇吻部和胸鳍外侧数根鳍条有稀疏的珠星。体淡黄色，头和身体的背侧部深褐色，通体无斑纹。

【生活习性】 栖息于江河中。

【种群状况】 有一定的种群数量，是小河的小型经济鱼类之一。

【地理分布】 分布较广，珠江流域的红水河、柳江、左江、右江、漓江等水系均有分布。

38. 横纹南鳅 *Schistura fasciolata* (Nichols & Pope, 1927)

【分类地位】 鲤形目 Cypriniformes 条鳅科 Nemacheilidae 南鳅属 *Schistura*。

【鉴别特征】 体延长。成体两颊稍鼓出。口下位。唇薄，表面具浅皱。上颌中央有 1 枚齿形突起；下颌匙状，前缘有 1 个“V”形缺刻。须 3 对。身体被细鳞，后躯较密。侧线完全。尾鳍后缘凹入。体侧有 10~16 条横斑。背鳍不分枝鳍条和第 1 分枝鳍条基部有 1 块黑斑。身体浅黄色。繁殖季节，雄性个体吻部、胸鳍外侧的不分枝鳍条和少数分枝鳍条也有稀疏的珠星。

【生活习性】 喜栖息于多水草的缓流河段。

【种群状况】 数量多，是山溪、小河重要的小型经济鱼类。

【地理分布】 分布广，湖南、贵州、云南、广西、广东各水系、河流均有分布。

39. 南丹高原鳅 *Triplophysa nandanensis* Lan, Yang & Chen, 1995

【分类地位】 鲤形目 Cypriniformes 条鳅科 Nemacheilidae 高原鳅属 *Triplophysa*。

【鉴别特征】 体延长。尾柄短，上、下缘无软鳍褶。前、后鼻孔紧靠在一起；前鼻孔位于1个鼻瓣中，鼻瓣后缘延长呈短须状。眼较小。口下位。须3对。胸鳍短，后伸不达腹鳍起点；尾鳍叉形，上、下叶端尖。体完全裸露无鳞。侧线完全。雄性吻侧具有1个密布小刺突的隆起区，胸鳍外侧3~4根分枝鳍条变粗。身体浅黄色，体侧和头背面散布细小的灰黑色斑纹。各鳍均具零星点状斑。

【生活习性】 栖息于洞穴中。

【种群状况】 种群数量少。

【地理分布】 目前仅见于广西南丹县六寨镇多处溶洞中。

40. 环江高原鳅 *Triplophysa huanjiangensis* Yang, Wu & Lan, 2011

【分类地位】鲤形目 Cypriniformes 条鳅科 Nemacheilidae 高原鳅属 *Triplophysa*。

【鉴别特征】体延长，前躯近圆筒形，后躯侧扁。头细长、略平扁；吻部略尖，头呈鸭嘴形。前、后鼻孔相连；前鼻孔位于 1 个短管中，末端延长呈须状。无眼，但眼眶部略凹陷。口下位。上、下唇表面具褶皱。须 3 对，外侧吻须超过主鳃盖骨前缘。背鳍分枝鳍条 8~9 根；腹鳍分枝鳍条 6~7 根；臀鳍分枝鳍条 6~7 根。尾柄上、下具发达的鳍褶。尾鳍内凹。身体裸露无鳞。无侧线。体呈粉红色，各鳍透明；头背面和身体背部具浅灰色色素点。

【生活习性】终生生活在黑暗的洞穴中，为典型的洞穴鱼类。

【种群状况】种群数量少。

【地理分布】仅分布于广西木论喀斯特自然保护区。

41. 鼻须高原鳅 ***Triplophysa nasobarbatul*** **Wang & Li, 2001**

【分类地位】 鲤形目 Cypriniformes 条鳅科 Nemacheilidae 高原鳅属 *Triplophysa*。

【鉴别特征】 体延长，前躯近圆筒形，后躯侧扁。头宽大于头高。雄性吻部两侧从眼前缘下缘至口角有 1 个条形表面具细小乳实的突起。前、后鼻孔相连，前鼻孔在 1 个鼻瓣中，鼻瓣后缘延长呈须状，其长度大于眼径。口下位，下唇表面具浅褶，中央具有 1 个小缺刻。下颌边缘外露。须 3 对。口角须长于吻须。侧线平直。背鳍外缘略凹；雄性个体胸鳍外缘鳍条变宽、变硬，背面分布角质小乳突；腹鳍起点位于背鳍起点之后；尾鳍分叉。体浅黄色，背部具 6 条深褐色横斑；体侧具众多不规则的褐色斑；背鳍和尾鳍具不规则小斑点；头部具蚀状斑纹。

【生活习性】 栖息于江河中。

【种群状况】 种群数量少。

【地理分布】 仅分布于贵州省荔波县境内河流中。

42. 凌云高原鳅 *Triplophysa lingyunensis* (Liao, Wang & Luo, 1997)

【分类地位】 鲤形目 Cypriniformes 条鳅科 Nemacheilidae 高原鳅属 *Triplophysa*。

【鉴别特征】 体延长。头小，头宽小于体宽。前、后鼻孔相邻，前鼻孔在瓣膜中。眼小，仅残留 1 个小黑点，眼窝充满脂肪。眼前缘至吻端两侧膨大，颜色略深。口下位，唇面具浅褶。须 3 对。身体被细鳞，前躯较稀疏，后躯较密集。侧线不完全，终止于背鳍起点之下。背鳍分枝鳍条 7~8 根；腹鳍分枝鳍条 5~6 根；臀鳍分枝鳍条 5 根。皮肤无色素，半透明，隐约可见内脏器官，鳃部红色。

【生活习性】 栖息于洞穴中。

【种群状况】 种群数量极少。

【地理分布】 分布于广西凌云县泗城镇官仓村马王屯沙洞地下河，逻楼镇安水村、降村部分洞穴中。

43. 长鳍高原鳅 *Triplophysa longipectoralis* Zheng, Du, Chen & Yang, 2009

【分类地位】 鲤形目 Cypriniformes 条鳅科 Nemacheilidae 高原鳅属 *Triplophysa*。

【鉴别特征】 体延长。身体最高处位于背鳍起点。前、后鼻孔相连，前鼻孔位于1个短管中，末端延长呈须状。眼正常，小而明晰。口下位。须3对。背鳍分枝鳍条8根。胸鳍第1根分枝鳍条长，后伸可超过腹鳍起点。腹鳍分枝鳍条6根；臀鳍分枝鳍条5~6根。尾鳍叉形。除头、胸腹部外，全身具隐于皮下的鳞片。身体褐色，腹部略白。体背部、体侧和头背部具深灰色斑块。

【生活习性】 栖息于洞穴中。

【种群状况】 种群数量少。

【地理分布】 分布于广西环江县驯乐苗族乡1个洞穴中。

44. 天峨高原鳅 *Triplophysa tianeensis* Chen, Cui & Yang, 2004

【分类地位】 鲤形目 Cypriniformes 条鳅科 Nemacheilidae 高原鳅属 *Triplophysa*。

【鉴别特征】 体细长，圆筒形。吻部延长。前、后鼻孔紧邻；前鼻孔位于1个短管中，短管末端延长呈须状。眼退化，仅为1个黑点。口下位。唇发达，表面具皱褶并密布小乳突。须3对。背鳍分枝鳍条7根；胸鳍分枝鳍条8~9根；腹鳍分枝鳍条5~6根；臀鳍分枝鳍条5根；尾鳍叉形，分枝鳍条15~16根。全身无鳞。体侧侧线完全，平直。雄性颊部刺突区明显，长条形；胸鳍条基部变硬，背侧具细小珠星。体淡黄色。体背和头背具不规则浅褐色斑块，体侧具细小斑点；各鳍无色。

【生活习性】 栖息于洞穴中。

【种群状况】 种群数量极少。

【地理分布】 分布于广西天峨县八腊瑶族乡八号洞中。

45. 花坪高原鳅 *Triplophysa huapingensis* Zheng, Yang & Chen, 2012

【分类地位】 鲤形目 Cypriniformes 条鳅科 Nemacheilidae 高原鳅属 *Triplophysa*。

【鉴别特征】 体延长。身体最高点前于背鳍起点。头平扁，头宽大于头高。前、后鼻孔紧邻。眼正常。口下位。唇发达，下唇中央前缘具小缺刻。须 3 对。背鳍分枝鳍条 8 根；腹鳍分枝鳍条 6 根；臀鳍分枝鳍条 5 根；尾鳍叉形，分枝鳍条 16 根。身体密布小鳞。侧线完全，平直。雄性个体眼前缘下方形成三角形小刺突区，延伸至外侧吻须基部。身体浅黄色。头和身体背面、侧面具褐色斑块。背鳍、腹鳍和尾鳍也散布褐色斑纹。尾鳍基具有 1 个黑色斑点。

【生活习性】 栖息于洞穴中。

【种群状况】 有一定的种群数量。

【地理分布】 分布于广西乐业县花坪镇、同乐镇，田林县浪平乡，凌云县玉洪镇八里村的洞穴中。

46. 大头高原鳅 *Triplophysa macrocephala* Yang, Wu & Yang, 2012

【分类地位】 鲤形目 Cypriniformes 条鳅科 Nemacheilidae 高原鳅属 *Triplophysa*。

【鉴别特征】 体延长。头平扁，头宽大于头高。吻部略尖。前、后鼻孔紧相邻；前鼻孔位于1个膜质鼻瓣中，鼻瓣末端延长呈短须状。眼退化，极小。口下位；上、下唇表面光滑，下唇中央具1个缺刻。须3对。身体裸露无鳞。侧线完全，平直。体呈乳白色；头背部和体侧散布不规则的褐色云状斑；各鳍透明。

【生活习性】 栖息于洞穴中。

【种群状况】 种群数量极少。

【地理分布】 分布于广西南丹县八圩乡附近1个洞穴中，种群数量极少。

47. 湘西盲高原鳅 *Triplophysa xiangxiensis* (Yang, Yuan & Liao, 1986)

【分类地位】 鲤形目 Cypriniformes 条鳅科 Nemacheilidae 高原鳅属 *Triplophysa*。

【鉴别特征】 体延长。头平扁。前、后鼻孔紧相邻；前鼻孔位于1个膜质鼻瓣中。眼退化。口下位；上、下唇表面光滑。须3对。身体裸露无鳞。侧线完全，平直。胸鳍平直，第1根分枝鳍条特别延长，末端超过腹鳍起点。尾鳍分叉。体呈淡红色。通体无斑纹，各鳍透明。

【生活习性】 栖息于洞穴中。

【种群状况】 种群数量少。

【地理分布】 分布于湖南湘西土家族苗族自治州龙山县境内少数洞穴中。

48. 长须盲高原鳅 *Triplophysa longibarbata* Chen, Yang, Sket & Aljancic, 1998

【分类地位】 鲤形目 Cypriniformes 条鳅科 Nemacheilidae 高原鳅属 *Triplophysa*。

【鉴别特征】 身体延长，前躯较宽，后躯侧扁。前、后鼻孔紧相邻；前鼻孔管状，后缘延长呈须状。无眼。口下位；上、下唇表面密布乳突，下唇中央有 1 个大缺刻。须 3 对。身体裸露无鳞。侧线完全，平直。胸鳍平直，第 1 根分枝鳍条特别延长；尾鳍分叉。尾柄上、下缘具发达的软鳍褶。体前躯呈淡红色，后躯乳白色。通体无斑纹，各鳍透明。

【生活习性】 栖息于洞穴中。

【种群状况】 种群数量极少。

【地理分布】 分布于贵州省荔波县境内少数洞穴中。

49. 佳荣高原鳅 ***Triplophysa jiarongensis* Lin, Li & Song, 2012**

【分类地位】 鲤形目 Cypriniformes 条鳅科 Nemacheilidae 高原鳅属 *Triplophysa*。

【鉴别特征】 体延长，前躯近圆筒形，后躯侧扁。头宽大于头高。前、后鼻孔相连，前鼻孔在 1 个鼻瓣中，鼻瓣后缘延长呈须状。口下位，上、下唇表面具乳突，下唇中央具有 1 个缺刻。下颌边缘外露。须 3 对。外侧吻须最长。体裸露无鳞。背鳍外缘平截；胸鳍长，后伸可达腹鳍起点；腹鳍起点位于背鳍起点略前；尾鳍略凹。尾柄上、下缘具鳍褶，上缘鳍褶更为发达。体淡粉红色，呈半透明状，通体无斑点。

【生活习性】 栖息于洞穴中。

【种群状况】 种群数量极少。

【地理分布】 仅分布于贵州省荔波县佳荣镇溶洞中，属柳江水系。

50. 里湖高原鳅 *Triplophysa lihuensis* Wu, Yang & Lan, 2012

【分类地位】 鲤形目 Cypriniformes 条鳅科 Nemacheilidae 高原鳅属 *Triplophysa*。

【鉴别特征】 体延长，前躯近圆筒形，后躯侧扁。前、后鼻孔相连；前鼻孔位于1个短管中，末端延长呈须状。无眼。口下位。唇表面具褶皱。须3对。尾柄高小于尾柄长的1/2。尾柄上、下具发达的鳍褶。尾鳍内凹，上、下叶末端略钝。通体裸露无鳞。体乳白色，各鳍透明；体表无色素。

【生活习性】 栖息于洞穴中。

【种群状况】 种群数量少。

【地理分布】 分布于广西南丹县里湖镇多处洞穴中。

51. 浪平高原鳅 *Triplophysa langpingensis* Yang, 2013

【分类地位】 鲤形目 Cypriniformes 条鳅科 Nemacheilidae 高原鳅属 *Triplophysa*。

【鉴别特征】 体延长，前躯近圆筒形，后躯侧扁。头平扁。前、后鼻孔相连，后鼻孔略大于前鼻孔；前鼻孔位于短管中，末端延长呈短须状。眼退化，仅残留 1 个小黑点。口下位，口裂弧形。上、下唇表面具褶皱。上唇盖住上颌。须 3 对。背鳍分枝鳍条 7~8 根；臀鳍分枝鳍条 5~6 根；尾鳍内凹，分枝鳍条 14 根。尾柄长，上、下缘鳍褶不发达。通体裸露无鳞。体呈浅粉红色，体表无色素；各鳍透明。

【生活习性】 栖息于洞穴中。

【种群状况】 种群数量少。

【地理分布】 目前已知仅分布于广西田林县浪平乡狮子口洞中。

52. 凤山高原鳅 ***Triplophysa fengshanensis* Lan, 2013**

【分类地位】 鲤形目 Cypriniformes 条鳅科 Nemacheilidae 高原鳅属 *Triplophysa*。

【鉴别特征】 体延长，侧扁。前、后鼻孔相连，前鼻孔位于向前斜截的短管中，末端延长呈短须状。无眼。口下位。上、下唇表面具褶皱。须 3 对。尾柄上、下缘无明显鳍褶。背鳍分枝鳍条 8 根；臀鳍分枝鳍条 6 根；尾鳍分枝鳍条 16 根。通体裸露无鳞。体侧具侧线孔，沿鳃孔上缘向后延伸至尾鳍基。浸制标本体呈淡黄色，身体无色素。

【生活习性】 栖息于洞穴中。

【种群状况】 种群数量极少。

【地理分布】 仅分布于广西凤山县林峒乡 1 个洞穴中，

53. 峒敢高原鳅 *Triplophysa dongganensis* Yang, 2013

【分类地位】 鲤形目 Cypriniformes 条鳅科 Nemacheilidae 高原鳅属 *Triplophysa*。

【鉴别特征】 体延长，扁。吻部略尖。头平扁，似鸭嘴形。前、后鼻孔相连，前鼻孔位于短管中，末端延长呈须状。无眼。口下位。上、下唇表面光滑。须 3 对。背鳍分枝鳍条 8 根；臀鳍分枝鳍条 6~7 根；尾鳍分枝鳍条 14 根。尾柄上、下缘鳍褶发达。通体无鳞。体呈乳白色，无色素，各鳍透明。

【生活习性】 栖息于洞穴中。

【种群状况】 种群数量极少。

【地理分布】 分布于广西环江毛南族自治县川山镇峒敢村 1 个洞穴中。

54. 壮体沙鳅 *Sinibotia robusta* (Wu, 1939)

【分类地位】 鲤形目 Cypriniformes 鳅科 Cobitidae 华沙鳅属 *Sinibotia*。

【鉴别特征】 体短而粗壮，侧扁。尾柄长等于或小于尾柄高。眼大。眼下刺分叉，粗壮。口下位。颏下具1对肉质突起。眼大，头长为眼径的4.8~5.7倍。须3对，其中吻须2对，聚生于吻端。尾鳍深分叉。侧线完全，平直。颊部无鳞。体黄绿色，体上具6条深褐色垂直条纹。头背面和侧面各有1对自吻端向后的纵条纹。

【生活习性】 栖息于江河中。

【种群状况】 数量多，是江河重要的小型经济鱼类。

【地理分布】 分布广，珠江水系的红水河、柳江、桂江、左江、右江等都有分布。

55. 美丽沙鳅 *Sinibotia pulchra* (Wu, 1939)

【分类地位】 鲤形目 Cypriniformes 鳅科 Cobitidae 华沙鳅属 *Sinibotia*。

【鉴别特征】 体延长，侧扁。尾柄长约等于尾柄高。头长大于体高。口下位，马蹄形。颏下有1对纽状突起。须3对。眼小。眼下刺分叉。侧线完全，平直。颊部无鳞。身体具10条左右不规则的深褐色横条纹。背鳍、臀鳍的基部及鳍间各具1条褐色条纹。

【生活习性】 栖息于江河中。

【种群状况】 数量较多，是江河常见鱼类。

【地理分布】 分布于珠江水系的红水河、柳江、桂江、左江、右江等河流中。

56. 花斑副沙鳅 *Parabotia fasciata* Dabry de Thiersant, 1872

【分类地位】 鲤形目 Cypriniformes 鳅科 Cobitidae 副沙鳅属 *Parabotia*。

【鉴别特征】 个体相对较大，是所分布的江河经济鱼类之一。体延长，稍侧扁。头长大于体高。吻长大于眼后头长。口下位。须 3 对。眼下刺分叉。侧线完全，平直。颊部有鳞。身体背部具 11~15 条褐色垂直带纹。尾鳍基中央具 1 个明显的黑斑。头背面和侧面散布褐色斑点。背鳍和尾鳍具由多列小斑点组成的不规则斜行条纹。体青灰色，腹部浅略白。

【生活习性】 栖息于江河中。

【种群状况】 数量多，是江河重要的经济鱼类之一。

【地理分布】 广泛分布于珠江水系的红水河、柳江、桂江、左江、右江等河流中。

57. 短吻副沙鳅 *Parabotia brevirostris* Zhu & Zhu, 2012

【分类地位】 鲤形目 Cypriniformes 鳅科 Cobitidae 副沙鳅属 *Parabotia*。

【鉴别特征】 体短而侧扁，背部呈弧形。吻较短，稍短于眼后头长。眼大。具分叉的眼下刺。具 3 对须短。颏部无纽状突起。尾柄较高，尾柄高大于尾柄长。身体被有细鳞，颊部有鳞。侧线完全。背部和体侧具 14~15 条棕黑色垂直短条纹，条纹向下仅延伸至侧线上方；尾鳍基中央具 1 个黑色斑点。

【生活习性】 栖息于江河中。

【种群状况】 种群数量少。

【地理分布】 分布于广西西江水系的红水河中。

58. 点面副沙鳅 *Parabotia maculosa* (Wu, 1939)

【分类地位】 鲤形目 Cypriniformes 鳅科 Cobitidae 副沙鳅属 *Parabotia*。

【鉴别特征】 体细长，侧扁。头长大于体高。吻长大于眼后头长。口下位。须3对。眼下刺分叉。侧线完全，平直。颊部有鳞。体棕灰色，腹部浅黄色。背部和体侧具12~18条棕黑色垂直带纹，且延伸至腹部。尾鳍基中央和上、下缘各具1块明显黑斑。头背部和侧面散布许多黑色斑点。背鳍具3~5列由斑点组成的不规则斜行条纹。

【生活习性】 栖息于江河中。

【种群状况】 数量多，是江河经济鱼类。

【地理分布】 分布于珠江水系的红水河、柳江、桂江、右江。

59. 紫薄鳅 *Leptobotia taeniops* (Sauvage, 1872)

【分类地位】 鲤形目 Cypriniformes 鳅科 Cobitidae 薄鳅属 *Leptobotia*。

【鉴别特征】 体侧扁。头略尖。眼小。眼下刺不分叉，埋于皮内。口下位。上唇分两叶，两叶向上翻卷。下唇中央有1个小缺刻。须3对，2对吻须，1对口角须。背鳍位于腹鳍之前；胸鳍不达腹鳍；腹鳍末端超过肛门；尾鳍分叉。鳞片隐于皮下。侧线完全。体呈紫色，头部和背侧具虫蚀状褐色斑块。背鳍和尾鳍有1~2列褐色斑纹。

【生活习性】 栖息于江河中。

【种群状况】 数量多，是江河重要的经济鱼类，现已开发人工养殖。

【地理分布】 分布于长江水系中上游及其附属水体的宜昌市、荆州市、武汉汉阳区，湖南沅江，安徽蚌埠、裕溪口等地。

60. 后鳍薄鳅 *Leptobotia posterodorsalis* Lan & Chen, 1992

【分类地位】 鲤形目 Cypriniformes 鳅科 Cobitidae 薄鳅属 *Leptobotia*。

【鉴别特征】 体细长，侧扁。头短。吻长小于眼后头长。口小，下位。颏部无纽状突起。须短，3 对。眼小。眼下刺不分叉。侧线完全。体被稀疏细鳞，颊部鳞片不明显。各鳍短小。尾鳍短而宽，分叉。体棕黄色，腹部略白。身体上无条纹或斑点。背鳍鳍间具 1 条由斑点组成的条纹；尾鳍具 1 条黑色宽带纹。尾鳍基具 1 条不甚明显的垂直黑带纹。

【生活习性】 栖息于江河中。

【种群状况】 在广西柳江、桂江各支流有一定种群数量。

【地理分布】 分布于珠江水系的柳江各支流。

61. 大斑薄鳅 *Leptobotia pellegrini* Fang, 1936

【分类地位】 鲤形目 Cypriniformes 鳅科 Cobitidae 薄鳅属 *Leptobotia*。

【鉴别特征】 体长，侧扁。吻长小于眼后头长。口下位。须 3 对。眼中等大。眼下刺不分叉。侧线完全，平直。颊部有鳞。尾鳍分叉。身体基色淡黄，腹部略白。背部具 6~9 条马鞍形黑色垂直条纹，延伸至体侧下部。背鳍基部具黑色条纹，鳍间有 1 条由黑色斑点组成的斜行条纹；尾叶有 1~2 条黑色斜行带纹。

【生活习性】 栖息于江河中。

【种群状况】 各江河均有一定数量，是江河经济鱼类。

【地理分布】 珠江水系的红水河、柳江、桂江、右江均有分布。

62. 桂林薄鳅 *Leptobotia guilinens* Chen, 1980

【分类地位】 鲤形目 Cypriniformes 鳅科 Cobitidae 薄鳅属 *Leptobotia*。

【鉴别特征】 颏下无1对突起。须3对，短小。眼下刺不分叉。体具15~18条不规则垂直狭黑条纹，其宽度约为间隔条纹之半，这些条纹仅延伸至侧线上部，靠近尾柄的垂直纹或为马鞍形斑点所代替。头部无任何条纹。尾鳍基具1条不甚明显的“3”字形垂直黑条纹。背鳍具1条由斑点组成的黑条纹；尾鳍具1~3条不规则的斜行黑带纹。偶鳍背面暗色。身体背部棕黑色，腹部棕黄色。

【生活习性】 栖息于江河中。

【种群状况】 在广西桂江数量多。

【地理分布】 现知仅分布于桂江水系的漓江、荔浦河、恭城河以及柳江水系的融江。

63. 斑纹薄鳅 *Leptobotia zebra* (Wu, 1939)

【分类地位】 鲤形目 Cypriniformes 鳅科 Cobitidae 薄鳅属 *Leptobotia*。

【鉴别特征】 体细长，侧扁。头小。吻长小于眼后头长。口小，下位。颏部具有 1 对突起。须短小，3 对。眼小，侧上位。眼下刺不分叉。侧线完全，平直。颊部具鳞。尾鳍短而宽，深分叉。身体棕黑色，腹部浅黄色。背中线具 1 条棕黄色条纹或具 1 列不规则的棕黄色斑点。背鳍基前缘具 1 块马蹄形黄色斑纹。体侧具有 14~16 条不规则的分枝或不分枝的褐色垂直条纹。头侧自鳃孔上角通过眼上缘至吻端各有 1 条明显的棕黄色条纹。颊部具 5 条不规则的斜行条纹。背鳍基具 1 条棕黑色带纹，鳍间具 1 条黑色条纹；尾鳍具 2~3 条不规则的斜行黑色带纹。

【生活习性】 栖息于江河中。

【种群状况】 在广西柳江、桂江各支流数量多。

【地理分布】 分布于西江水系的柳江、桂江各支流。

64. 前腹原花鳅 ***Protocobitis anteroventris* Lan, 2013**

【分类地位】 鲤形目 Cypriniformes 鳅科 Cobitidae 原花鳅属 *Protocobitis*。

【鉴别特征】 体细长，稍侧扁。头长大于体高。吻肉质，呈锥状。无眼。眼下刺细小，分叉。前、后鼻孔相连，前鼻孔呈短管状，后缘具向后延长的膜瓣。口下位。下唇两侧具 1 个发达的肉质颐瓣。须 3 对，短小。腹鳍起点明显位于背鳍起点之前。尾柄长而侧扁，上、下缘具发达的鳍褶，尾鳍后缘内凹。无侧线。通体无鳞，乳白色，头背部两侧鳃孔处略红。

【生活习性】 栖息于洞穴中，与本种在同 1 个洞穴中分布的有田林金线鲃 和浪平高原鳅。

【种群状况】 种群数量极稀少。

【地理分布】 仅分布于广西田林县浪平乡狮子口洞中。.

65. 无眼原花鳅 *Protocobitis typhlops* Yang & Chen, 1993

【分类地位】 鲤形目 Cypriniformes 鳅科 Cobitidae 原花鳅属 *Protocobitis*。

【鉴别特征】 体延长，稍侧扁。吻肉质，呈锥状。眼下刺细小，分叉。前、后鼻孔相连。无眼。口下位。上唇肉质，无任何缺刻或乳突；下唇分为左、右两部分。须 3 对，无侧线。身体大部分裸露无鳞，仅在体侧中轴有稀疏的鳞片。胸鳍短；腹鳍起点约与背鳍起点相对；尾鳍后缘平截或呈弧形。尾侧扁，上、下缘无软鳍褶。雄性胸鳍第 1 根分枝鳍条延长且略变厚、变粗。活体呈乳白色，两侧鳃孔处略红。

【生活习性】 栖息于洞穴中。

【种群状况】 种群数量较少。

【地理分布】 分布于都安瑶族自治县下坳乡坝牙村、高岭镇弄池村、保安乡巴善村弄黎洞等地的地下溶洞中。

66. 多鳞原花鳅 ***Protocobitis polylepis* Zhu, Lü, Yang & Zhang, 2008**

【分类地位】 鲤形目 Cypriniformes 鳅科 Cobitidae 原花鳅属 *Protocobitis*。

【鉴别特征】 体延长，稍侧扁。头部延长，侧扁。吻肉质，呈锥状。无眼。眼下刺细小，分叉。前、后鼻孔相连，前鼻孔呈短管状。口下位。下唇分为左、右两部分。须 3 对。腹鳍起点与背鳍第 1 根分枝鳍条基部相对。尾柄长而侧扁，上、下缘无软鳍褶。尾鳍后缘几乎平直。无侧线。除头和腹部外，身体被细小鳞片。浸制标本体浅灰色，头背部和身体沿侧线上部体侧具褐色色素点。

【生活习性】 栖息于水井中。

【种群状况】 种群数量极少。

【地理分布】 仅分布于广西武鸣县广西水产引育种中心地下水井中。

♂ 胸鳍背面特征

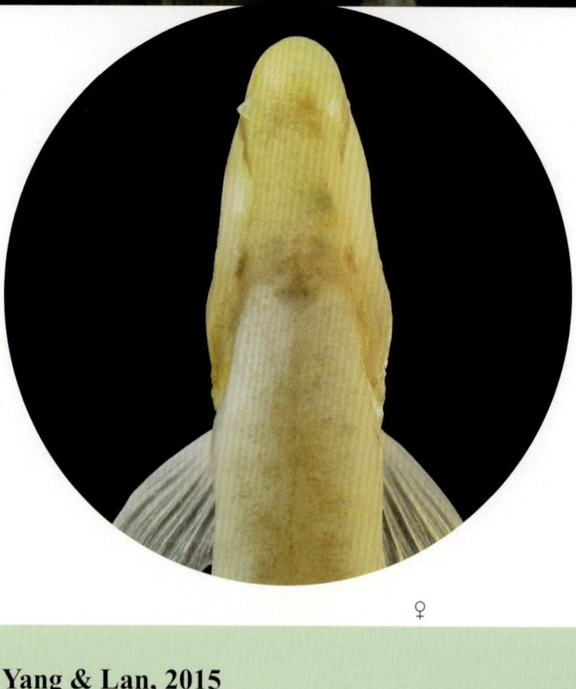

♀

67. 小眼双须鳅 ***Bibarba micoculum*** **Wu, Yang & Lan, 2015**

【分类地位】 鲤形目 Cypriniformes 鳅科 Cobitidae 双须鳅属 *Bibarba*。

【鉴别特征】 须 2 对，短小。眼退化，变小。眼下刺细小分叉。雄性胸鳍延长至末端尖，第 1 根分枝鳍条变厚、变粗；背鳍分枝鳍条 7~8 根；臀鳍分枝鳍条 5 根。体表大部分裸露无鳞，无侧线。体白色，仅背部有少量黑色素。

【生活习性】 栖息于洞穴中。

【种群状况】 种群数量极稀少。

【地理分布】 仅分布于广西罗城县天河镇附近 1 个洞穴中。

68. 中华花鳅 *Cobitis sinensis* (Sauvage & Dabry de Thiersant, 1874)

【分类地位】 鲤形目 Cypriniformes 鳅科 Cobitidae 花鳅属 *Cobitis*。

【鉴别特征】 体长，头侧扁。眼中等大。眼下刺分叉。口下位。颏叶发达，自下唇中间分为两片。须 3 对。尾鳍平截。侧线不完全，仅至胸鳍上方。体被细鳞，颊部无鳞。体棕黄色，沿体侧中线具 7 个左右棕黑色大斑，背中线具 12~19 个马鞍形棕黑色大斑。在背侧上方，头背部及颊部具蠕虫形斑纹或不规则斑点。吻端至眼前缘具 1 条黑色条纹。尾鳍基上侧具 1 块明显黑斑；背鳍和尾鳍具 3~5 列由斑点组成的斜行条纹。

【生活习性】 栖息于江河中。

【种群状况】 种群数量较多。

【地理分布】 广泛分布于南方各河流。

69. 泥鳅 *Misgurnus anguillicaudatus* (Cantor, 1842)

【分类地位】 鲤形目 Cypriniformes 鳅科 Cobitidae 泥鳅属 *Misgurnus*。

【鉴别特征】 体延长，前躯圆柱形，尾柄侧扁。吻长短于眼后头长。须较短，5 对。眼小，侧上位。口下位。侧线不完全。体被小鳞。尾鳍圆弧形。体色差异较大，与生活环境相关。一般体淡黄色，体上半部色深，散布有斑点。背鳍和尾鳍具有不规则小斑点。

【生活习性】 栖息于江河、水库、湖泊中。

【种群状况】 种群数量较多，可人工养殖。

【地理分布】 广泛分布于南方各地江河、水库、湖泊。

70. 大鳞副泥鳅 *Paramisgurnus dabryanus* Dabry de Thiersant, 1872

【分类地位】 鲤形目 Cypriniformes 鳅科 Cobitidae 副泥鳅属 *Paramisgurnus*。

【鉴别特征】 体长，侧扁。具须5对，口角须大于吻长。眼稍大，位于头侧上方。无眼下刺。前鼻孔在1个短管中，后鼻孔仅靠在前鼻孔之后。尾鳍末端圆形。鳞片较大，纵列鳞130枚以下。体灰褐色，背部色较深。体侧具有不规则的斑点。背鳍、臀鳍和尾鳍具不规则的黑色斑点。

【生活习性】 栖息于江河中。

【种群状况】 种群数量较多。

【地理分布】 分布于珠江流域的广西都安瑶族自治县、长江的湘江水系的兴安县。

异鱲 *Parazacco spilurus* (Günther, 1868) 雌性幼体

异鱲 *Parazacco spilurus* (Günther, 1868) 雌性成体

雄性

71. 异鱲 *Parazacco spilurus* (Günther, 1868)

【分类地位】 鲤形目 Cypriniformes 鲤科 Cyprinidae 异鱲属 *Parazacco*。

【鉴别特征】 体形细长，侧扁。口斜向下倾斜。侧线完全。背鳍短，位于腹鳍起点之后；腹鳍基部至肛门有明显的腹棱；臀鳍起点略后于背鳍基后缘，雄性臀鳍鳍条延长；尾鳍叉形。体侧自鳃孔至尾鳍基部有 1 条墨绿色纵带，后部显著；臀鳍与腹鳍橙黄色；尾鳍基具 1 块大黑斑。

【生活习性】 栖息于江河中。

【种群状况】 种群数量少。

【地理分布】 分布于珠江流域的广西上林县大明山、南宁市周边溪流中。

雄性

雌性

72. 海南异鱲 ***Parazacco spilurus fasciatus* (Koller, 1927)**

【分类地位】 鲤形目 Cypriniformes 鲤科 Cyprinidae 异鱲属 *Parazacco*。

【鉴别特征】 体形细长，侧扁。体长为体高的 3.2~3.9 倍。口斜向下倾斜。侧线完全。背鳍短；腹鳍基部至肛门有明显的腹棱；臀鳍起点与背鳍基后缘相对，雄性臀鳍鳍条延长；尾鳍叉形。体侧自鳃孔至尾鳍基有 1 条不明显的墨绿色纵带，后部更为显著；臀鳍与腹鳍橙色；尾鳍基具 1 块黑斑。雄性个体颌部橙黄色，具珠星。

【生活习性】 栖息于江河中。

【种群状况】 种群数量较多。

【地理分布】 分布于海南省各水系。

雄性

雌性

73. 宽鳍鱲 *Zacco platypus* (Temminck & Schlegel, 1846)

【分类地位】 鲤形目 Cypriniformes 鲤科 Cyprinidae 鱲属 *Zacco*。

【鉴别特征】 体形小。体延长，侧扁。口端位，口裂斜，上颌骨后伸不达眼中部。侧线完全。鳞片较大，侧线鳞 40~49 枚。背鳍起点约与腹鳍起点相对；胸鳍尖长。雄性臀鳍延长。尾鳍深分叉。活体时腹部银白色，体侧有 10~13 条垂直蓝绿色条纹。雄性在生殖期头部及臀鳍具珠星，体色艳丽。

【生活习性】 栖息于江河、湖泊、水库中。

【种群状况】 种群数量多。

【地理分布】 我国南方各地均有分布。

雄性

雌性

74. 马口鱼 *Opsariichthys bidens* Günther, 1873

【分类地位】鲤形目 Cypriniformes 鲤科 Cyprinidae 马口鱼属 *Opsariichthys*。

【鉴别特征】体延长，侧扁。口大；下颌前端突出。眼小，位于头侧上方。侧线完全，前部稍微下弯。臀鳍分枝鳍条 8~9 根。侧线鳞 40~44 枚，背鳍前鳞 17~18 枚。尾鳍叉形。雄性体侧有 10 余条浅蓝色垂直条纹。雄性腹部银白色，背侧部浅灰色带红色；体侧有 10 余条蓝色垂直条纹；胸鳍橙黄色；生殖期下颌和颊部下缘有显著的珠星，臀鳍的分枝鳍条延长。雌性个体身体无蓝色条纹，无珠星，臀鳍不延长。

【生活习性】喜栖息于江河及山涧溪流的流水中，为小型凶猛肉食性鱼类。

【种群状况】种群数量多。

【地理分布】我国南方地区各地均有分布。

75. 南方波鱼 *Rasbora steineri* Nichols & Pope, 1927

【分类地位】 鲤形目 Cypriniformes 鲤科 Cyprinidae 波鱼属 *Rasbora*。

【鉴别特征】 体侧扁，腹部圆。头稍尖。吻短钝。口上位，下颌稍突出，向上倾斜；口前端有突起，与上颌凹陷相吻合。唇薄。无须。眼大。体被中等大的圆鳞，侧线完全，前部下弯，侧线鳞 27~29 枚。背鳍无硬刺。尾鳍深叉形。体侧扁，体背面较平直，头的背部较宽平。背鳍分枝鳍条 7 根；臀鳍分枝鳍条 5 根。活体背部灰色，腹部银白色。体侧沿中轴线至尾鳍基部有 1 条黑色纵纹。

【生活习性】 为山溪小型鱼类，经济价值不大。

【种群状况】 种群数量多。

【地理分布】 分布于珠江及单独入海河流，在广西上思县、宜州市、博白县、都安瑶族自治县和大化县境内都有分布。

76. 瑶山鲤 *Yaoshanicus arcus* Lin, 1931

【分类地位】 鲤形目 Cypriniformes 鲤科 Cyprinidae 瑶山鲤属 *Yaoshanicus*。

【鉴别特征】 体延长，侧扁，腹稍圆。腹鳍之后有不完全腹棱。头小。口端位。无须。眼大。侧线完全，前段下弯曲。背鳍无硬刺，尾鳍深分叉。下咽齿3行。臀鳍分枝鳍条7~8根。侧线鳞36~39枚。背部和侧线以上体侧暗灰色，侧线以下体侧及腹部银白色；体侧沿中轴线具1条鳞片宽的浅黑色条纹。

【生活习性】 栖息于江河、湖泊、水库中。

【种群状况】 种群数量多。

【地理分布】 在珠江流域上游多处有分布，柳江、桂江、红水河、左江、右江等各支流亦有分布。

77. 拟细鲫 ***Nicholsicypris normalis*** **(Nichols & Pope, 1927)**

【分类地位】 鲤形目 Cypriniformes 鲤科 Cyprinidae 拟细鲫属 *Nicholsicypris*。

【鉴别特征】 体延长，侧扁，腹部圆。腹鳍基部至肛门有腹棱。口裂稍向上倾斜，口端位。无须。眼较大。侧线完全，前部弯曲。背鳍无硬刺；胸鳍可达腹鳍；尾鳍叉形。背鳍分枝鳍条 7 根；臀鳍分枝鳍条 7 根。侧线鳞 35~38 枚，背鳍前鳞 14~15 枚，围尾柄鳞 14 枚。下咽齿 2 行。体背侧呈褐色，腹侧银白色。体侧及背部部分鳞片后缘有新月形黑斑。为山溪小型鱼类。

【生活习性】 生活于小河、溪流中。

【种群状况】 种群数量多。

【地理分布】 仅分布于广西上思县的十万大山及单独入海河流的山溪中。

78. 丽纹细鲫 *Aphyocypris pulchrilineata* Zhu, Zhao & Huang, 2013

【分类地位】 鲤形目 Cypriniformes 鲤科 Cyprinidae 细鲫属 *Aphyocypris*。

【鉴别特征】 体侧扁，前腹圆。口亚上位，口裂小。眼大。体被小圆鳞。无须。无侧线。背鳍无硬刺，分枝鳍条 7，起点位于腹鳍之后。腹部从腹鳍基至肛门具腹棱。臀鳍不延长，分枝鳍条 7；尾鳍分叉。体背棕褐色。体侧中部具一条浅黑色纵纺自吻端延伸至尾鳍基；黑色纵纹上方具一条金色纵带自眼后缘延伸至尾柄。沿臀鳍基部体侧具一黑纵带。各鲤透明，略呈金黄色。

【生活习性】 生活于杂草丛生的小水潭，尤其是有地下水出口的龙潭。

【种群状况】 有分布的水域种群数量多，但个体很小。

【地理分布】 分布于广西都安县澄江的各小支流及地下水出口处，属红水河水系。

79. 丁鲹 *Tinca tinca* (Linnaeus, 1758)

【分类地位】 鲤形目 Cypriniformes 鲤科 Cyprinidae 丁鲹属 *Tinca*。
【鉴别特征】 体高，侧扁。吻钝。口端位。口角须 1 对，须长小于眼径。鳞细小。背鳍位于腹鳍基之后的上方，无硬刺；胸鳍短；腹鳍位于背鳍之前。腹部无腹棱。体背侧青黑色，腹部黄褐色，各鳍灰黑色。
【生活习性】 在南方为人工养殖鱼类，池塘、水库、网箱均可养殖。
【种群状况】 人工养殖的常见鱼类。
【地理分布】 原产于我国新疆额尔齐斯河及乌伦古河，近年引到南方各地养殖，已成为南方市场常见鱼类。

80. 青鱼 ***Mylopharyngodon piceus*** **(Richardson, 1846)**

【分类地位】 鲤形目 Cypriniformes 鲤科 Cyprinidae 青鱼属 *Mylopharyngodon*。

【鉴别特征】 体长，前部近圆筒形。无须。鳞中等大；侧线完全。背鳍分枝鳍条7根；臀鳍分枝鳍条8根。侧线鳞42~43枚，背鳍前鳞15~17枚，围尾柄鳞16枚。下咽齿4(5)—5(4)(表示下咽齿有一侧4枚或5枚，另一侧5枚或4枚)。鳃耙17~20枚。背鳍短，无硬刺。尾鳍叉形。体呈青黑色，背部色较深，腹部灰白色。各鳍灰黑色。

【生活习性】 生活于较大河流的底层，以螺、蚌为主要饵料。

【种群状况】 人工养殖的常见鱼类。

【地理分布】 广泛分布于珠江流域各较大河流。

81. 草鱼 ***Ctenopharyngodon idellus*** **(Valenciennes, 1844)**

【分类地位】 鲤形目 Cypriniformes 鲤科 Cyprinidae 草鱼属 *Ctenopharyngodon*。

【鉴别特征】 体长。口端位。唇后沟中断。无须。侧线完全，平直。臀鳍分枝鳍条 8 根；腹鳍分枝鳍条 8 根。侧线鳞 38~42 枚，背鳍前鳞 16~17 枚，围尾柄鳞 16 枚。下咽齿 2 行。背鳍无硬刺，外缘平直，其起点与腹鳍起点相对。肛门近臀鳍。尾鳍叉形。体呈黄绿色，腹部灰白色。为草食性鱼类，以水草为食。

【生活习性】 生活于水体中上层，以水草及各种陆生草类为食。

【种群状况】 人工养殖的常见鱼类。

【地理分布】 分布于珠江流域各江河。

82. 鳤 *Ochetobius elongates* (Kner, 1867)

【分类地位】 鲤形目 Cypriniformes 鲤科 Cyprinidae 鳤属 *Ochetobius*。

【鉴别特征】 个体较大。体细长，侧扁。头小，呈锥形。口小，端位，上颌稍长于下颌。无须。鳞小，腹鳍基部腋鳞发达。侧线完全，侧线鳞 68~70 枚。背鳍短，分枝鳍条 9~10 根；臀鳍分枝鳍条 9 根。尾鳍深分叉。第 1 鳃弓外侧鳃耙 28~30 枚。下咽齿 3 行，2·4·4—5·4·2。体背部及体侧上半部呈深褐色，体侧及腹部银白色，尾鳍后缘呈浅灰色。

【生活习性】 大江大河种类，生活于水体上层，属凶猛肉食性鱼类，以小杂鱼为食。

【种群状况】 种群数量稀少。

【地理分布】 广泛分布于珠江各大水域。

83. 鳡 ***Elopichthys bambusa* (Richardson, 1845)**

【分类地位】 鲤形目 Cypriniformes 鲤科 Cyprinidae 鳡属 *Elopichthys*。

【鉴别特征】 体延长。头长，呈锥形。吻长而尖。口端位；口裂大，末端达眼中部下方。无须。眼小。鳃孔大。鳞小，侧线完全。背鳍短，起点位于腹鳍起点之后；臀鳍外缘内凹；尾鳍分叉深。体背呈浅灰色，体侧及腹部呈银白色；胸鳍、腹鳍和臀鳍基部黄色，背鳍和尾鳍深灰色。

【生活习性】 为大型凶猛肉食性鱼类。

【种群状况】 江河主要经济鱼类。

【地理分布】 广泛分布于南方各水系。

84. 赤眼鳟 ***Squaliobarbus curriculus*** **(Richardson, 1846)**

【分类地位】 鲤形目 Cypriniformes 鲤科 Cyprinidae 赤眼鳟属 *Squaliobarbus*。

【鉴别特征】 体长，圆筒形。口端位。须 2 对，细小。眼上缘具 1 块红斑。鳞较大，背鳍前鳞 13~16 枚。侧线完全，侧线鳞 43~45 枚。背鳍无硬刺，分枝鳍条 7 根；尾鳍分叉较深；臀鳍分枝鳍条 8 根。第 1 鳃弓外侧鳃耙 10~13 枚。下咽齿 3 行。体背部青灰色，体侧银白色。体侧各鳞片基部有 1 块黑斑。

【生活习性】 为江河、湖泊的中层鱼类，喜栖于水流缓慢的水体环境中。

【种群状况】 为常见的主要经济鱼类之一，近年来由于多处拦河坝的建设，种群数量已明显减少。

【地理分布】 在珠江各大水域分布广泛。

85. 红鳍鲌 *Chanodichthys erythropterus* (Basilewsky, 1855)

【分类地位】 鲤形目 Cypriniformes 鲤科 Cyprinidae 红鳍鲌属 *Chanodichthys*。

【鉴别特征】 体长，侧扁。腹棱完全。口上位，口裂几与身体垂直，下颌向上翘。眼中等大，眼后缘至吻端的距离小于眼后头长。侧线完全，侧线鳞 63~69 枚。背鳍末根不分枝鳍条为硬刺；胸鳍尖，末端伸达腹鳍起点；尾鳍深分叉。体侧面及腹部银白色，背鳍、尾鳍浅灰色。

【生活习性】 生活于水体中上层，以小杂鱼类为食。

【种群状况】 种群数量不多。

【地理分布】 我国南方各水系均有分布。

86. 飘鱼 *Pseudolaubuca sinensis* Bleeker, 1865

【分类地位】 鲤形目 Cypriniformes 鲤科 Cyprinidae 飘鱼属 *Pseudolaubuca*。

【鉴别特征】 体延长，侧扁；背部平直。腹棱完全。吻长大于眼径。口端位，口裂斜，下颌中央具1个凸起。唇薄。眼中等大。侧线完全。背鳍短小无硬刺。胸鳍长，腋部具腋鳞。腹鳍短，末端不达肛门。臀鳍外缘凹入。尾鳍分叉深，叶端尖。背部灰色，体侧银白色。胸鳍、腹鳍基部淡黄色；臀鳍和尾鳍灰黑色。

【生活习性】 生活于江河、湖泊、水库的上层鱼类。

【种群状况】 常见经济鱼类。

【地理分布】 南方各水系均有分布。

87. 鳊 ***Parabramis pekinensis*** **(Basilewsky, 1855)**

【分类地位】 鲤形目 Cypriniformes 鲤科 Cyprinidae 鳊属 *Parabramis*。

【鉴别特征】 体菱形，侧扁。腹棱完全。头小；吻短。口端位。眼中等大。无须。鳞中等大，侧线完全，平直。背鳍末根不分枝鳍条为硬刺，起点位于腹鳍起点之后。胸鳍尖，末端不达腹鳍起点。腹鳍末端不达肛门。腹棱完全。臀鳍分枝鳍条 27~35 根。尾鳍分叉深。体侧及背部青灰色，背鳍、尾鳍灰色。

【生活习性】 在江河、湖泊、水库等较大型水域的中上层生活。

【种群状况】 常见经济鱼类。

【地理分布】 广泛分布于我国南方各大江河。

88. 䱗 ***Hemiculter leucisculus* (Basilewsky, 1855)**

【分类地位】 鲤形目 Cypriniformes 鲤科 Cyprinidae 䱗属 *Hemiculter*。

【鉴别特征】 体细长，侧扁。腹棱完全。口端位，斜裂。鳞中等大。背鳍分枝鳍条 7 根；臀鳍分枝鳍条 11~13 根。侧线完全，侧线前部向下倾斜，至胸鳍后端急弯折。侧线鳞 49~58 枚，围尾柄鳞 18~20 枚。第 1 鳃弓外侧鳃耙 15~18 枚。下咽齿 3 行。背鳍末根不分枝鳍条为光滑的硬刺。尾鳍分叉深。体背部青灰色，腹面银白色，尾叉边缘灰黑色。

【生活习性】 为杂食性小型鱼类，群栖于各水域的上层。

【种群状况】江河、湖泊、水库数量最多的小型鱼类之一。

【地理分布】 我国南方各地广泛分布。

89. 梅氏鳊 ***Metzia lineata* (Pellegrin, 1907)**

【分类地位】 鲤形目 Cypriniformes 鲤科 Cyprinidae 梅氏鳊属 *Metzia*。

【鉴别特征】 体侧扁，略高。腹部圆，腹棱自腹鳍基至肛门。头小，侧扁。口端位，口裂斜。鳞中等大，侧线完全，侧线鳞 37~40 枚。围尾柄鳞 13~14 枚。背鳍无硬刺，起点在腹鳍之后，背鳍分枝鳍条 7 根；臀鳍分枝鳍条 14~18 根；尾鳍分叉。体背侧呈灰色，腹部银白色。体侧每枚鳞片基部中点有黑色小点，在体侧形成若干条不明显的灰色纵纹。

【生活习性】 生活于水体上层的杂食性小型鱼类。

【种群状况】 为小河常见鱼类。

【地理分布】 广泛分布于我国南方各水系。

90. 小梅氏鳊 *Metzia parva* Luo, Sullivan, Zhao & Peng, 2015

【分类地位】 鲤形目 Cypriniformes 鲤科 Cyprinidae 梅氏鳊属 *Metzia*。

【鉴别特征】 体细长，侧扁。腹棱自腹鳍基至肛门。头短，吻钝。口亚上位，口裂斜。鳞中等大，侧线鳞 42~47 枚。背鳍无硬刺，背鳍分枝鳍条 7 根；胸鳍分枝鳍条 10 根；腹鳍分枝鳍条 6 根；臀鳍分枝鳍条 12~14 根；尾鳍深分叉。第 1 鳃弓外侧鳃耙 14~16 枚。下咽齿 3 行，2·3·5—5·3·2。体银白色，背部灰色。体侧沿中轴线有 1 条由黑色斑点组成的纵纹。

【生活习性】 生活于水体表层的小型鱼类。

【种群状况】 个体数量较多。

【地理分布】 分布于红水河支流澄江。

91. 长吻梅氏鳊 *Metzia longinasus* Gan, Lan & Zhang, 2009

【分类地位】 鲤形目 Cypriniformes 鲤科 Cyprinidae 梅氏鳊属 *Metzia*。

【鉴别特征】 体侧扁。口上位。腹棱自腹鳍基至肛门。无须。鳞中等大小，侧线鳞 43~44 枚。背鳍无硬刺，背鳍分枝鳍条 7 根；臀鳍分枝鳍条 10~11 根；尾鳍深分叉。下咽齿 3 行。体银白色，背部灰色。体侧沿中轴线有 1 条由黑色斑点组成的纵纹。

【生活习性】 栖息于洞穴中。

【种群状况】 在分布地数量较多。

【地理分布】 仅分布于广西红水河流域澄江支流的洞穴中。

92. 鱇𩽾白鱼 *Anabarilius grahami* (Regan, 1908)

【分类地位】 鲤形目 Cypriniformes 鲤科 Cyprinidae 白鱼属 *Anabarilius*。

【鉴别特征】 体长，略细圆。吻端尖。口次上位。无须。腹棱自腹鳍基部向后延伸至肛门。背鳍最后不分枝鳍条基部较硬，起点位于腹鳍起点的后上方；腹鳍短，腹鳍位于背鳍起点之前；尾鳍叉形，叶端尖，鳞片小。腹鳍基具2枚细长腋鳞。侧线在胸鳍上方向下弯曲。体银白色，背部色较暗；眼上缘略红。

【生活习性】 生活于水体表层的杂食性鱼类。

【种群状况】 在上世纪八十年代以前数量很多，是抚仙湖的重要经济鱼类，由于银鱼的引进，目前本种已经成为稀世珍宝。

【地理分布】 分布于南盘江上游抚仙湖中。

93. 大眼华鳊 *Sinibrama macrops* (Günther, 1868)

【分类地位】 鲤形目 Cypriniformes 鲤科 Cyprinidae 华鳊属 *Sinibrama*。

【鉴别特征】 体侧扁，略高。腹棱自腹鳍基至肛门。吻短而钝。口端位。眼大。鳞中等大小，侧线完全。背鳍具硬刺，背鳍分枝鳍条 7 根；腹鳍起点位于背鳍起点之前；臀鳍分枝鳍条 21~25 根；尾鳍分叉。侧线鳞 54~60 枚。围尾柄鳞 20 枚。第 1 鳃弓外侧鳃耙 9~11 枚。下咽齿 3 行。体背部灰色，体侧及腹面灰白色。

【生活习性】 在河流的中上层生活，以小杂鱼为食。

【种群状况】 常见种类，是经济鱼类之一。

【地理分布】 分布于我国南方各水系。

94. 海南华鳊 *Sinibrama melrosei* (Nichols & Pope, 1927)

【分类地位】 鲤形目 Cypriniformes 鲤科 Cyprinidae 华鳊属 *Sinibrama*。

【鉴别特征】 体侧扁，略高。腹棱自腹鳍基至肛门。吻长短于眼径。口端位。眼大，头长为眼径的 3 倍以下。鳞中等大小，侧线完全；侧线鳞 46~54 枚。围尾柄鳞 16~18 枚。背鳍具硬刺，背鳍分枝鳍条 7 根；腹鳍起点位于背鳍起点之前；臀鳍分枝鳍条 20~25 根；尾鳍分叉。第 1 鳃弓外侧鳃耙 8~10 枚。下咽齿 3 行。体背部灰色，体侧及腹面灰白色。

【生活习性】 在河流的中上层生活，以小杂鱼为食。

【种群状况】 为江河常见鱼类。

【地理分布】 分布于我国南方各水系。

95. 大眼近红鲌 *Ancherythroculter lini* Luo, 1994

【分类地位】 鲤形目 Cypriniformes 鲤科 Cyprinidae 近红鲌属 *Ancherythroculter*。

【鉴别特征】 体延长，侧扁。头、背交界处略隆起。腹棱自腹鳍基至肛门。吻短、钝，吻长小于眼径。口上位，口裂体轴近乎垂直。眼大。鳞中等大小，侧线完全。背鳍末根不分枝鳍条为硬刺；胸鳍长，末端接近；腹鳍末端不达肛门，腹鳍起点位于背鳍起点之前；臀鳍外缘内凹；尾鳍分叉深。体背部深灰色，体侧及腹面银白色。胸鳍、背鳍和尾鳍灰黑色。

【生活习性】 在河流的中上层生活，属小型凶猛的肉食性鱼类。

【种群状况】 为江河常见的经济鱼类。

【地理分布】 南方各水系均有分布。

96. 南方拟䱗 ***Pseudohemiculter dispar* (Peters, 1881)**

【分类地位】 鲤形目 Cypriniformes 鲤科 Cyprinidae 拟䱗属 *Pseudohemiculter*。

【鉴别特征】 体细长，侧扁。腹棱不完全，自腹鳍至肛门。吻尖。口端位。鳞中等大，侧线完全，侧线前部在胸鳍后端急弯折。背鳍末根不分枝鳍条为光滑硬刺，背鳍起点位于腹鳍起点之后；胸鳍尖；尾鳍分叉深，叶端尖。体侧及背部浅灰色，腹面银白色；尾鳍边缘灰黑色。

【生活习性】 生活于水体表层的杂食性鱼类。

【种群状况】 数量多，为江河常见的小型鱼类。

【地理分布】 南方各水系均有分布。

97. 海南拟䱗 *Pseudohemiculter hainanensis* (Boulenger, 1900)

【分类地位】 鲤形目 Cypriniformes 鲤科 Cyprinidae 拟䱗属 *Pseudohemiculter*。

【鉴别特征】 体长，稍侧扁。腹棱自腹鳍起点至肛门。吻尖。口端位。背鳍具硬刺，后缘光滑，分枝鳍条 7 根；胸鳍尖；臀鳍分枝鳍条 14~15 根；尾鳍深分叉。鳞中等大，侧线完全，侧线前部向下倾斜，达胸鳍后端急弯折与腹部平行于体侧中轴之下；侧线鳞 47~50 枚。围尾柄鳞 16~18 枚。第 1 鳃弓外侧鳃耙 12 枚。下咽齿 3 行。体呈银色，体侧沿中轴线具 1 条淡黄色纵纹。

【生活习性】 为山溪小型鱼类。

【种群状况】 数量多，是山溪常见的小型鱼类。

【地理分布】 分布于珠江流域各支流及海南省各水系。

98. 三角鲂 *Megalobrama terminalis* (Richardson, 1846)

【分类地位】 鲤形目 Cypriniformes 鲤科 Cyprinidae 鲂属 *Megalobrama*。

【鉴别特征】 体菱形，侧扁。体长为体高的 2.4~2.9 倍。腹棱自腹鳍基至肛门。头小。吻短。口端位，马蹄形。眼较大。鳞中等大，侧线完全。背鳍末根不分枝鳍条为硬刺；胸鳍长，末端接近或达到腹鳍起点；腹鳍起点位于背鳍起点的前下方；臀鳍外缘略凹；尾鳍分叉深。体浅灰色，背部颜色稍深；体侧鳞片中部具半月形黑斑。各鳍略为淡红色。

【生活习性】 生活于河面开阔的江河中上层，杂食性，个体较大。

【种群状况】 主要经济鱼类之一。

【地理分布】 广泛分布于珠江流域。

99. 团头鲂 *Megalobrama amblycephala* Yih, 1955

【分类地位】 鲤形目 Cypriniformes 鲤科 Cyprinidae 鲂属 *Megalobrama*。

【鉴别特征】 体菱形，侧扁。体长为体高的 1.9~2.4 倍。腹棱自腹鳍基至肛门。头小。吻钝圆。口端位，颌具薄角质。眼中等大。鳞中等大，侧线完全。背鳍末根不分枝鳍条为粗短的硬刺；胸鳍短；腹鳍起点位于背鳍的前下方；尾鳍分叉深。体灰黑色。体侧鳞片基部白色，沿各纵行鳞呈现数条白色纵纹。各鳍灰黑色。

【生活习性】 长江中下游的湖泊鱼类，杂食性，个体较大。

【种群状况】 主要经济鱼类之一。

【地理分布】 原产于长江中下游的梁子湖，现已成为南方各地常见的养殖种类。

100. 翘嘴鲌 *Culter alburnus* Basilewsky, 1855

【分类地位】 鲤形目 Cypriniformes 鲤科 Cyprinidae 鲌属 *Culter*。

【鉴别特征】 体长，侧扁。腹棱自腹鳍至肛门。头长小于体高。吻钝，吻长大于眼径。口上位，口裂后端达鼻孔前缘的下方，下颌长于上颌，下颌向上翘。眼大。鳞小；侧线完全，前部浅弧形，后部平直伸达尾柄中央。背鳍末根不分枝鳍条为光滑粗壮的硬刺；胸鳍尖，末端近腹鳍起点；臀鳍外缘凹入；尾鳍分叉深，叶端尖。体背侧呈青灰色，腹侧白色，各鳍灰黑色。

【生活习性】 生活于江河的中上层，是个体较大的凶猛肉食性鱼类。

【种群状况】 主要经济鱼类之一。

【地理分布】 各地均有分布。

101. 海南鲌 *Culter recurviceps* (Richardson, 1846)

【分类地位】 鲤形目 Cypriniformes 鲤科 Cyprinidae 鲌属 *Culter*。

【鉴别特征】 体延长，侧扁。头、背交界处微隆起。腹棱自腹鳍至肛门。吻短、钝。口上位，口裂几与体纵轴垂直。眼大。鳞中等大，侧线完全。背鳍末根不分枝鳍条为光滑粗壮的硬刺；胸鳍长，伸达腹鳍起点；腹鳍起点位于背鳍起点之前；尾鳍分叉深。体浅灰色，腹部银白色；胸鳍前部、腹鳍和臀鳍基部淡橘红色。

【生活习性】 在江河的中上层生活，为凶猛的肉食性鱼类。

【种群状况】 宽阔水面河段的主要经济鱼类之一。

【地理分布】 珠江流域和广西、广东境内，以及海南省各水系均有分布。

102. 蒙古鲌 *Culter mongolicus mongolicus* (Basilewsky, 1855)

【分类地位】 鲤形目 Cypriniformes 鲤科 Cyprinidae 鲌属 *Culter*。

【鉴别特征】 体延长，侧扁。头、背交界处微隆起。腹棱自腹鳍至肛门。吻短、钝。口端位，口裂斜，下颌略长于上颌。眼较小。鳞中等大，侧线完全。背鳍末根不分枝鳍条为光滑粗壮的硬刺；胸鳍短，远不达腹鳍起点；腹鳍起点位于背鳍起点之前；臀鳍分枝鳍条 18~22 根；尾鳍分叉深。第 1 鳃弓外侧鳃耙 17~19 枚。体浅灰色，腹部银白色；胸鳍前部、腹鳍和臀鳍基部淡橘红色；尾鳍下叶橘红色更为明显。

【生活习性】 在江河、水库的中上层生活，以小杂鱼为食的肉食性鱼类。

【种群状况】 数量不多，但个体较大，是分布地经济鱼类之一。

【地理分布】 珠江流域以及海南省各水系均有分布。

103. 银鲴 *Xenocypris argentea* Günther, 1868

【分类地位】 鲤形目 Cypriniformes 鲤科 Cyprinidae 鲴属 *Xenocypris*。

【鉴别特征】 体延长，侧扁。体长为体高的 3.7~4.2 倍。腹部圆。头小。吻钝。口下位；上、下颌前缘具角质。无须。眼较大。鳞中等大，侧线完全，侧线鳞 57~62 枚，背鳍前鳞 22~24 枚。背鳍末根不分枝鳍条为光滑的硬刺；胸鳍尖，末端不达腹鳍起点。腹鳍起点与背鳍起点相对或略前。肛门靠近臀鳍。尾鳍分叉深。体银白色；背鳍、尾鳍灰黑色；胸鳍基部浅黄色。鳃盖膜后缘具橘黄色斑块。

【生活习性】 为水体中上层鱼类，喜欢静水环境。

【种群状况】 静水河段、拦河大坝的库区内数量多，是经济鱼类之一。

【地理分布】 南方各流域均有分布。

104. 花鲢 ***Hypophthalmichthys nobilis*** **(Richardson, 1845)**

【分类地位】 鲤形目 Cypriniformes 鲤科 Cyprinidae 鲢属 *Hypophthalmichthys*。

【鉴别特征】 体较高，侧扁。腹棱自腹鳍基至肛门。头大。口大，端位，口裂向上倾斜。无须。左、右鳃盖膜彼此连接。鳞细小，侧线完全，侧线前部向腹部下弯，后延伸至尾柄中央；侧线鳞 99~108 枚。背鳍分枝鳍条 7~8 根；胸鳍分枝鳍条 16~19 根；臀鳍分枝鳍条 12~14 根。下咽齿 4–4。第 1 鳃弓外侧鳃耙 400 枚以上。背鳍短，无硬刺；胸鳍长，末端超过腹鳍起点；腹鳍起点在背鳍起点之前的下方；臀鳍较长，无硬刺；尾鳍深叉形。背部及体侧上半部灰黑色，腹部灰白色，各鳍灰色，体侧有许多不规则的黑色斑点。

【生活习性】 栖息于水体的中上层，性情温和。

【种群状况】 主要养殖鱼类。

【地理分布】 广泛分布于我国南方的江河、水库中。

105. 白鲢 *Hypophthalmichthys molitrix* (Valenciennes, 1844)

【分类地位】 鲤形目 Cypriniformes 鲤科 Cyprinidae 鲢属 *Hypophthalmichthys*。

【鉴别特征】 体较高，侧扁。腹棱完全。头较大。吻圆钝。口大，端位。无须。左、右鳃盖膜彼此连接。鳞小，侧线完全，侧线前部向腹部下弯；侧线鳞 103~144 枚，围尾柄鳞 40~50 枚。背鳍短，无硬刺，背鳍分枝鳍条 7 根；臀鳍较长，臀鳍分枝鳍条 11~13 根；尾鳍深叉形。下咽齿 1 行，4–4。体背部灰黑色，体侧和腹部银白色；背鳍、尾鳍边缘稍黑。

【生活习性】 喜欢在水面开阔的江段、水库、湖泊生活的中上层鱼类，主要以浮游植物为食。

【种群状况】 主要养殖鱼类。

【地理分布】 广泛分布于我国南方的江河、水库中。

106. 花䱻 *Hemibarbus maculatus* Bleeker, 1871

【分类地位】 鲤形目 Cypriniformes 鲤科 Cyprinidae 䱻属 *Hemibarbus*。

【鉴别特征】 体延长，腹部圆，最大个体体长可达 400 mm 左右。吻略尖。口下位。唇薄，下唇分 3 叶；唇后沟中断。口角须 1 对。鳞片中等大小，侧线鳞 47~50 枚。背鳍具光滑的硬刺，长度约等于头长。尾鳍叉形。第 1 鳃弓外侧鳃耙 6~10 枚。背部和体侧呈银灰色，上部色较暗。体侧在侧线上方有 6~12 个大黑斑；各鳍散布有许多小黑斑。

【生活习性】 栖息于江河湖泊中。

【种群状况】 常见鱼类。

【地理分布】 我国南方各水系均有分布。

107. 唇䱻 *Hemibarbus labeo* (Pallas, 1776)

【分类地位】 鲤形目 Cypriniformes 鲤科 Cyprinidae 䱻属 *Hemibarbus*。

【鉴别特征】 体长，略侧扁。头尖长。吻钝圆，吻长大于眼后头长。口下位。唇厚，肉质，下唇两侧叶宽厚，具皱褶；唇后沟中断。须 1 对。眼大。鳞中等大。侧线完全，平直。侧线鳞 45~49 枚，背鳍前鳞 12~14 枚。背鳍具光滑硬刺，背鳍分枝鳍条 7 根；臀鳍分枝鳍条 6 根。下咽齿 3 行。背部青灰色，腹部白色。幼鱼体侧侧线上方通常有 7~11 个纵列黑色斑点。每 1 枚鳞片后缘具环状黑斑，使鱼体全身呈菱形网状花纹。背鳍和尾鳍端灰黑色，有的具黑斑。

【生活习性】 栖息于江河底层。

【种群状况】 常见的小型经济鱼类。

【地理分布】 珠江各水系各河流中均有分布。

108. 大刺䱻 *Hemibarbus macracanthus* Lo, Luo & Chen, 1977

【分类地位】 鲤形目 Cypriniformes 鲤科 Cyprinidae 䱻属 *Hemibarbus*。

【鉴别特征】 体长，略侧扁。吻钝圆，吻长等于或稍大于眼后头长。口下位。唇稍薄；唇后沟中断。须1对。眼大。鳞中等大。侧线完全，平直；侧线鳞 47~49 枚，背鳍前鳞 13~15 枚。背鳍具粗长的光滑硬刺，其长度远大于头长。背鳍分枝鳍条 7 根；臀鳍分枝鳍条 6 根。体背青灰色，腹部略白。侧线上方具 7~10 个纵列圆黑斑。

【生活习性】 生活于河流底层。

【种群状况】 种群数量少。

【地理分布】 分布于珠江流域的西江、北江及单独入海诸河中。

109. 麦穗鱼 *Pseudorasbora parva* (Temminck & Schlegel, 1846)

【分类地位】 鲤形目 Cypriniformes 鲤科 Cyprinidae 麦穗鱼属 *Pseudorasbora*。

【鉴别特征】 个体小，体长，略侧扁。口较小，上位。唇薄，无乳突。背鳍无硬刺。臀鳍分枝鳍条 6。尾鳍浅分叉，上、下叶等长，末端圆钝。生殖期雄性体色变为暗，在吻部及眼下具珠星。侧线鳞 33~38。下咽齿 1 行。活体背侧灰青色，腹部浅灰色，体侧各鳞片后缘具新月形黑斑。背鳍有暗色斜纹 2 条，臀鳍有暗纹 1 条。

【生活习性】 栖息于河湖、小溪、沟渠中，喜成群在静水或缓流水区游动。杂食性。1 冬龄性成熟。产粘性卵，分批产卵，卵黏附于水中植物或杂物上。雄鱼有筑巢、护巢、护卵的习性。

【种群状况】 数量极多，在养殖池塘常泛滥成灾，与养殖鱼类争食耗氧，是养殖水域清除对象。

【地理分布】 我国南方各水系、池塘、沟溪均有分布。

110. 长麦穗鱼 *Pseudorasbora elongate* Wu, 1939

【分类地位】 鲤形目 Cypriniformes 鲤科 Cyprinidae 麦穗鱼属 *Pseudorasbora*。

【鉴别特征】 体细长，近圆筒形。头尖。吻平扁。口小。无须。眼大。侧线完全，平直；侧线鳞 44~45 枚，背鳍前鳞 16~17 枚，围尾柄鳞 14 枚。背鳍无硬刺，背鳍分枝鳍条 7 根；臀鳍分枝鳍条 6 根；尾鳍分叉较深。下咽齿 1 行，5-5。体呈暗灰色，体侧自吻端过眼向后沿侧线至尾鳍基部的末端具 1 条宽阔的黑色纵纹；尾鳍基中央有 1 块黑斑；腹部白色。

【生活习性】 栖息于杂草丛生的山间溪流中。

【种群状况】 数量极少，为我国易危物种，已列入保护名录。在南方地区现仅见分布于广西大瑶山金秀县境内溪流。

【地理分布】 分布于西江流域和长江下游。

111. 黑鳍鳈 *Sarcocheilichthys nigripinnis* (Günther, 1873)

【分类地位】 鲤形目 Cypriniformes 鲤科 Cyprinidae 鳈属 *Sarcocheilichthys*。

【鉴别特征】 体稍侧扁，腹部圆。头小。口小，亚下位。唇薄，唇后沟中断。无须。眼小。体被鳞，胸、腹部的鳞片较细。侧线完全，平直；侧线鳞 37~40 枚，背鳍前鳞 12~13 枚，围尾柄鳞 16 枚。背鳍无硬刺，分枝鳍条 7 根；臀鳍分枝鳍条 6 根；尾鳍深分叉。下咽齿 2 行。体暗褐色，略黄，腹部白色。鳃孔后缘有 1 条深黑色斑纹。体侧具许多不规则的黑斑，沿侧线连成纵带。

【生活习性】 喜栖息于水流缓慢的河流中。杂食性。

【种群状况】 较常见的小型鱼类。

【地理分布】 我国南方地区各水系均有分布。

112. 银鮈 ***Squalidus argentatus*** **(Sauvage & Dabry de Thiersant, 1874)**

【分类地位】 鲤形目 Cypriniformes 鲤科 Cyprinidae 银鮈属 *Squalidus*。

【鉴别特征】 体近圆筒形，后部侧扁。吻短。口下位。须 1 对。眼大。唇薄，简单；唇后沟中断。体被圆鳞。侧线完全，平直；侧线鳞 38~41 枚，背鳍前鳞 10~12 枚，围尾柄鳞 12 枚。背鳍分枝鳍条 7 根；臀鳍分枝鳍条 6 根。下咽齿 2 行。体银灰色，腹部银白色。体侧沿侧线上方有 1 条银灰色纵带。背鳍及尾鳍灰色，其余各鳍灰白色。

【生活习性】 栖息于水体中下层

【种群状况】 江河常见鱼类。

【地理分布】 我国南方各水系均有分布。

113. 点纹银鮈 *Squalidus wolterstorffi* (Regan, 1908)

【分类地位】 鲤形目 Cypriniformes 鲤科 Cyprinidae 银鮈属 *Squalidus*。

【鉴别特征】 体长，侧扁。口亚下位。唇简单。须 1 对。眼大。鳞大。侧线完全，平直。背鳍分枝鳍条 7 根；臀鳍分枝鳍条 6 根。侧线鳞 33~38 枚。下咽齿 2 行。体灰褐色，腹部银白色。沿侧线鳞有 1 列纵行黑色纹。

【生活习性】 喜欢栖息于有砾石的河滩。

【种群状况】 在西江的柳江、桂江等各支流较为常见。

【地理分布】 散布于珠江水系各支流中。

114. 圆口铜鱼 *Coreius guichenoti* **(Sauvge & Dabry,1874)**

【分类地位】 鲤形目 Cypriniformes 鲤科 Cyprinidae 铜鱼属 *Coreius*。

【鉴别特征】 体长，前躯近圆筒形，后躯侧扁。头小，吻尖。口下位，宽圆，弧形。唇厚，唇后沟中断。口角须 1 对，粗长。背鳍无硬刺，起点位于腹鳍起点之前。胸鳍宽且长，末端超过腹鳍起点。下咽齿 1 行，具 5 枚齿。鳞片中等大小，侧线鳞 55~58 枚。生活时体呈淡黄色，背部近古铜色。各鳍浅灰色，边缘略淡。

【生活习性】 栖息于水面开阔的江段。

【种群状况】 为长江重要的经济鱼类，现已开发人工养殖。

【地理分布】 分布于长江流域中上游地区。

115. 棒花鱼 *Abbottina rivularis* (Basilewsky, 1855)

【分类地位】 鲤形目 Cypriniformes 鲤科 Cyprinidae 棒花鱼属 *Abbottina*。

【鉴别特征】 体延长，前躯近圆筒形，腹部侧扁。头钝。吻较长，在鼻孔前缘间隔处有凹陷。口小，下位。唇厚、发达；下唇中叶为 1 对紧靠在一起的卵圆形的肉质突起，两侧叶光滑而较大。须 1 对。背鳍无硬刺。胸部无鳞。侧线完全，平直；侧线鳞 35~39 枚。背下咽齿 1 行。体呈黄褐色，背部及体侧色略暗，腹部浅白色；全身散布有不规则的小黑斑，体侧沿侧线有 7~9 个略大于眼径的黑斑；体背有 5 个黑斑；吻端至眼前缘有 1 条黑条纹。

【生活习性】 喜欢生活于水体底层。

【种群状况】 常见的小型经济鱼类。

【地理分布】 我国南方各水系均有分布。

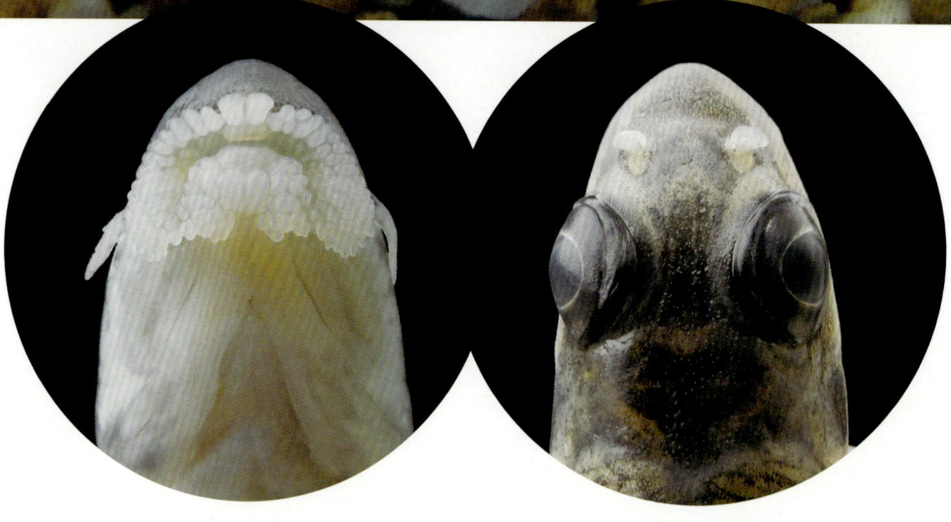

116. 福建小鳔鮈 *Microphysogobio fukiensis* (Nichols, 1926)

【分类地位】 鲤形目 Cypriniformes 鲤科 Cyprinidae 小鳔鮈属 *Microphysogobio*。

【鉴别特征】 体延长；头腹面及胸部较平坦，腹部稍圆。吻圆钝。口下位，马蹄形。唇发达，具乳突，上唇边缘分裂；下唇有2个圆形突起。口角须1对。眼大，上侧位。鳞片较大，侧线完全。背鳍末根不分枝鳍条柔软、光滑；胸鳍后伸不达腹鳍；臀鳍分枝鳍条5根；尾鳍深分叉。体棕褐色，腹部淡棕色；鳃盖上有1个小黑斑；体侧沿侧线约有9条黑色斑纹，背部正中有6块黑斑；背鳍、胸鳍和尾鳍上有小黑斑并排列成条纹。

【生活习性】 常栖息于有砾石且水流较急的河滩。

【种群状况】 常见的小型经济鱼类。

【地理分布】 南方各水系均有分布。

117. 嘉积小鳔鮈 *Microphysogobio kachekensis* (Oshima, 1926)

【分类地位】 鲤形目 Cypriniformes 鲤科 Cyprinidae 小鳔鮈属 *Microphysogobio*。

【鉴别特征】 体长，近圆筒形，腹部平坦。体长为体高的 5.5 倍以上。头长大于体高；吻部略尖，鼻孔前方凹陷；吻长大于眼后头长。眼大，头长为眼径的 3 倍。口下位，深弧形。唇厚，发达；上、下唇乳突明显，须 1 对，较短。背鳍条短，最后 1 根分枝鳍条末端不达臀鳍起点；胸鳍长，末端近腹鳍起点；尾鳍长，分叉。侧线鳞 34 枚。体浅灰色，侧线以下略白。侧线以上体侧及背部具不规则黑点，体侧沿侧线具 11 个小黑斑。

【生活习性】 喜欢生活在山溪水急，有砾石或砂石底的小河。

【种群状况】 种群数量较少。

【地理分布】 分布于海南省各水系。

118. 乐山小鳔鮈 *Microphysogobio kiatingensis* (Wu, 1930)

【分类地位】 鲤形目 Cypriniformes 鲤科 Cyprinidae 小鳔鮈属 *Microphysogobio*。

【鉴别特征】 体较长，头部腹面较平；体长为体高的 6 倍以下；吻短，头部在鼻孔前方稍凹陷。口下位。唇具发达乳突；下唇中央有 2 个较大的突起。口角须 1 对。鳞较大，侧线完全。背鳍短。腹鳍起点约在胸鳍基与臀鳍起点之间，末端不达臀鳍；臀鳍分枝鳍条 6 根；尾鳍深分叉。体灰褐色，腹部银白色。背部有 5~6 个大黑斑；除臀鳍外，各鳍散布有黑斑。

【生活习性】 常栖息于水急且有砾石或砂石底的河滩。

【种群状况】 种群数量较少。

【地理分布】 南方各水系均有分布。

119. 似鲮小鳔鮈 *Microphysogobio labeoides* (Nichols & Pope, 1927)

【分类地位】 鲤形目 Cypriniformes 鲤科 Cyprinidae 小鳔鮈属 *Microphysogobio*。

【鉴别特征】 体较长，头部腹面较平。体长为体高的 6 倍以下。头大，体长为头长的 4 倍左右。吻短，头部在鼻孔前方稍凹陷。口下位。唇具发达乳突；下唇中央有 2 个较大的突起。口角须 1 对。鳞较大，侧线完全。背鳍短；腹鳍起点约在胸鳍基与臀鳍起点之间，末端不达臀鳍；臀鳍分枝鳍条 6 根。肛门靠前，在腹鳍与臀鳍间前端的 1/4 处。尾鳍深分叉。体灰褐色，腹部略白；侧线鳞片后缘有黑斑；侧线以上的部分鳞片也有黑色后缘。体侧沿侧线有 8~10 个如同眼大小的黑斑；背部正中有 5 块大的黑斑。

【生活习性】 常在小河有石底或水草的河段生活。

【种群状况】 数量较少。

【地理分布】 珠江流域广西境内和海南省各水系均有分布。

120. 似长体小鳔鮈 *Microphysogobio pseudoelongatus* Zhao & Zhang, 2001

【分类地位】 鲤形目 Cypriniformes 鲤科 Cyprinidae 小鳔鮈属 *Microphysogobio*。

【鉴别特征】 体细长，胸腹平坦。吻短，圆钝。口小，下位。唇厚，上唇具 4~6 个乳突排列成 1 排，中央的 1 对乳突较其他乳突大，两侧口角处乳突多行；下唇 3 叶，中叶为 1 对卵圆形的肉质突起；两侧叶发达，在口角处与上唇相连，表面具乳突。口角须 1 对。体被圆鳞，侧线完全。背鳍短，外缘稍内凹；胸鳍后伸不达腹鳍起点；腹鳍短，起点位于背鳍起点之后；尾鳍深分叉。侧线以上体侧浅黄色，腹部略白；侧线有 1 条连续的黑色带。各鳍均分布有黑色小斑点。

【生活习性】 喜欢生活于有砾石或砂石底的河段。

【种群状况】 种群数量很少。

【地理分布】 仅分布于广西防城港境内单独入海河流的小溪流中。

121. 似鮈 ***Pseudogobio vaillanti*** **(Sauvage, 1878)**

【分类地位】 鲤形目 Cypriniformes 鲤科 Cyprinidae 似鮈属 *Pseudogobio*。

【鉴别特征】 体呈棍棒形，后部略侧扁。侧线鳞 39~42 枚。下咽齿 3 行。鼻孔前缘间隔处略凹。口下位。唇发达，具乳突；下唇厚，分 3 叶，中间叶椭圆形；唇后沟连续。口角须 1 对。背鳍无硬刺；胸鳍后伸接近腹鳍起点；尾鳍叉形。侧线以上体侧散布有许多小斑，体侧中轴线上有 6~9 个不规则的黑斑。

【生活习性】 江河底层鱼类。

【种群状况】 常见的经济鱼类。

【地理分布】 我国南方各水系均有分布。

122. 桂林似鮈 *Pseudogobio guilinensis* Yao & Yang, 1977

【分类地位】 鲤形目 Cypriniformes 鲤科 Cyprinidae 似鮈属 *Pseudogobio*。

【鉴别特征】 体呈棍棒形，略侧扁。尾柄长为尾柄高的 2 倍以上。侧线鳞 43~44 枚。鼻孔前缘间隔处略凹。口下位。唇发达，具乳突；下唇厚，分 3 叶；唇后沟连续。口角须 1 对。背鳍无硬刺；胸鳍可伸达腹鳍起点；尾鳍叉形。侧线以上体侧散布有许多小斑，体侧中轴有 5~6 个直径约为眼径 2 倍的不规则黑斑。

【生活习性】 栖息于有砾石或砂石底的河段。

【种群状况】 在桂江各支流数量较多。

【地理分布】 分布于珠江流域的柳江和漓江。

123. 蛇鮈 *Saurogobio dabryi* Bleeker, 1871

【分类地位】 鲤形目 Cypriniformes 鲤科 Cyprinidae 蛇鮈属 *Saurogobio*。

【鉴别特征】 体延长，尾柄细窄且长。头大而钝。吻突出，在鼻孔间隔处凹陷。口小，下位。唇厚，具乳突，上、下唇相连，下唇后缘游离。须1对。眼大。鳞片圆形、中等大，胸鳍基部向前的腹面无鳞。侧线完全，平直。背鳍无硬刺，分枝鳍条 8 根；臀鳍分枝鳍条 6 根。侧线鳞 47~50 枚。下咽齿 1 行。体背部及体侧上半部呈淡黄色，腹部灰白色。体侧中轴线上有 9~14 块不规则黑斑。体背正中隐约有 4~5 块黑斑。

【生活习性】 常栖息于有砾石或砂石底的河段。

【种群状况】 常见的经济鱼类。

【地理分布】 我国南方各水系均有分布。

124. 海南鳅鮀 *Gobiobotia kolleri* Bănărescu & Nalbant, 1966

【分类地位】 鲤形目 Cypriniformes 鲤科 Cyprinidae 鳅鮀属 *Gobiobotia*。

【鉴别特征】 体前部近圆筒形，尾柄侧扁。头平扁。口下位。须 4 对。眼较大，侧上位。侧线鳞 37~40 枚。背鳍起点与腹鳍起点相对；腹鳍起点至臀鳍起点的距离大于至胸鳍起点的距离；尾鳍分叉，末端尖，下叶稍长于上叶。体侧及各鳍具众多小黑斑；体侧沿侧线上方有 8~9 块棕黑色斑块。背鳍、尾鳍有不显著的黑色条纹。

【生活习性】 喜欢栖息于有石底的河段。

【种群状况】 江河常见鱼类。

【地理分布】 分布于珠江流域的红水河、柳江和左江。

125. 大鳍鱊 *Acheilognathus marcopterus* (Bleeker, 1871)

【分类地位】 鲤形目 Cypriniformes 鲤科 Cyprinidae 鱊属 *Acheilognathus*。

【鉴别特征】 体侧扁，短而高，呈卵圆形。头小，吻短钝。口亚下位。口角须 1 对，短小或缺如。侧线完全，平直。背鳍起点位于腹鳍起点之后。背鳍和臀鳍的不分枝鳍条为硬刺。背鳍分枝鳍条超过 15 根，臀鳍分枝鳍条超过 12 根。尾鳍叉形。体银白色，背部暗绿色或灰黄色。成鱼沿侧线向后第 4~5 枚侧线鳞的上方有 1 块黑斑。尾柄中线具 1 条向前延伸的黑色纵带。生殖季节雄鱼具珠星，雌鱼具产卵管。

【生活习性】 喜欢栖息于水草丰富的河段，细长的产卵管将成熟卵产于河蚌等软体动物的外套腔内。

【种群状况】 常见鱼类。

【地理分布】 长江流域、珠江流域，南方沿海部分单独入海河流有分布。

126. 须鱊 *Acheilognathus barbatus* Nichols, 1926

【分类地位】 鲤形目 Cypriniformes 鲤科 Cyprinidae 鱊属 *Acheilognathus*。

【鉴别特征】 体侧扁，近卵圆形。头较短，吻短钝。口小，亚下位。口角须 1 对，其长约等于眼径。侧线完全。背鳍和臀鳍的末根不分枝鳍条为光滑硬刺；胸鳍末端不伸达腹鳍起点；腹鳍起点位于背鳍之前下方，后伸超过肛门；尾鳍深叉形。体浅灰色，略红。体侧沿尾柄中线向前有 1 条纵行的黑色条纹。

【生活习性】 栖息于水流较缓且水草丰富的水域，产卵于河蚌等软体动物的外套腔内。

【种群状况】 南方地区常见种类。

【地理分布】 南方各水系广泛分布。

127. 越南鱊 *Acheilognathus tonkinensis* (Vaillent, 1892)

【分类地位】 鲤形目 Cypriniformes 鲤科 Cyprinidae 鱊属 *Acheilognathus*。

【鉴别特征】 体高，侧扁。头小而尖。口亚下位。口角须1对。侧线完全，平直。背鳍和臀鳍的末根不分枝鳍条为光滑硬刺，分别粗于首根分枝鳍条；胸鳍末端不伸达腹鳍起点；尾鳍叉形，末端尖。成鱼在鳃盖后第 1、2 枚侧线鳞的上方有 1 块黑斑；沿尾柄中线向前至背鳍基中点间有 1 条纵行的黑色条纹。背鳍及臀鳍有 2 列由小黑点组成的条纹。繁殖季节雄鱼的吻端及眼眶前上缘有珠星，雌鱼具有产卵管。

【生活习性】 常栖息于静水并有丰富水草的河段。

【种群状况】 数量多，南方各大小河流、湖泊、水库、小溪随处可见。

【地理分布】 我国南方各水系均有分布。

128. 广西鱊 ***Acheilognathus meridianus* (Wu, 1939)**

【分类地位】 鲤形目 Cypriniformes 鲤科 Cyprinidae 鱊属 *Acheilognathus*。

【鉴别特征】 体延长，侧扁。头小，锥形。吻钝。口亚下位。口角须 1 对，长度约为眼径的 1/2。侧线完全。背鳍、臀鳍末根不分枝鳍条较细；腹鳍起点与背鳍起点相对或略前；胸鳍短，末端不达腹鳍起点；尾鳍深分叉。体浅灰色，下部浅红色。背鳍各分枝鳍条具 2~3 个黑点，形成 3 条浅灰色条纹；尾柄中央向前沿侧线上部具 1 条浅蓝色条纹。

【生活习性】 多在水草丰富并有卵石底的河段生活。

【种群状况】 柳江、桂江各支流数量较多。

【地理分布】 广西漓江、柳江和左江，广东，贵州均有分布。

129. 高体鳑鲏 *Rhodeus ocellatus* (Kner, 1866)

【分类地位】 鲤形目 Cypriniformes 鲤科 Cyprinidae 鳑鲏属 *Rhodeus*。

【鉴别特征】 体高，侧扁。吻钝。口小，端位。无须。侧线不完全。背鳍、臀鳍末根不分枝鳍条稍硬，与各自首根分枝鳍条粗细相当。臀鳍起点位于背鳍第 4、5 根分枝鳍条的下方，具 9~12 根分枝鳍条。体侧沿尾柄中线有 1 条黑色纵纹，前伸达背鳍基中点的下方。鳃盖后方有 1 块黑斑。背鳍、臀鳍外缘有 1 条较狭的黑边；背鳍前部有 1 个大黑点。生殖季节雄鱼吻侧有珠星，雌鱼具产卵管。

【生活习性】 多在静水小水域，有丰富水草和底层有螺蚌的环境中生活。

【种群状况】 数量多，南方各大小河流、湖泊、池塘、水库都有能形成优势种群。

【地理分布】 我国南方各水系均有分布。

130. 疏斑小鲃 *Puntius paucimaculatus* Wang & Ni, 1982

【分类地位】 鲤形目 Cypriniformes 鲤科 Cyprinidae 小鲃属 *Puntius*。

【鉴别特征】 体小，侧扁。吻短而钝。口小，亚下位。唇薄而光滑，下唇紧包于下颌的外表，唇后沟中断。须 2 对，约与眼径等长。体侧鳞片较大。侧线完全。背鳍末根不分枝鳍条为硬刺，后缘有锯齿，末端柔软。体侧均匀排列 4 块椭圆形黑斑；背鳍基前缘下部具 1 块黑斑。

【生活习性】 生活于山区溪流中。

【种群状况】 种群数量少。

【地理分布】 分布于海南省各水系。

131. 条纹小鲃 *Puntius semifasciolatus* (Günther, 1868)

【分类地位】 鲤形目 Cypriniformes 鲤科 Cyprinidae 小鲃属 *Puntius*。

【鉴别特征】 小型鱼类。背鳍ⅳ-8，臀鳍ⅲ-5，胸鳍ⅰ-10-12，腹鳍ⅱ-7-8。侧线鳞 $22\frac{3.5—4}{3—v}24$，背鳍前鳞 8~10 枚，围尾柄鳞 12 枚。第 1 鳃弓外侧鳃耙 4~5 枚。下咽齿 2·3·5—5·3·2。体小，侧扁。吻短而钝。口小，亚下位。唇薄而光滑，下唇紧包于下颌的外表，唇后沟中断。须 1 对，短于眼径。鳞较大，前胸的鳞片稍小。侧线完全，侧线鳞 2~24 枚。背鳍末根不分枝鳍条为硬刺，后缘有锯齿，末端柔软。体侧具大小不一的垂直黑褐色条纹。

【生活习性】 多生活在水草丰富的沟、溪、池塘、小龙潭。

【种群状况】 数量多，南方各地随处可见。

【地理分布】 珠江下游分布广泛。

132. 光倒刺鲃 *Spinibarbus hollandi* Oshima, 1919

【分类地位】 鲤形目 Cypriniformes 鲤科 Cyprinidae 倒刺鲃属 *Spinibarbus*。

【鉴别特征】 体延长，前部近圆筒形，后部侧扁。口亚下位，上颌稍长于下颌。上、下唇稍肥厚，包于颌外表。唇后沟中断。须 2 对。鳞大，侧线完全，侧线鳞 22~28 枚，背鳍无硬刺，起点位于腹鳍起点之前。背鳍前方有 1 根向前平卧的倒刺隐于皮下。体背部青黑色。体侧鳞片基部大都具 1 块黑斑。背鳍外缘有 1 条黑色条纹。

【生活习性】 喜栖息于水清石底的激流河段，为中下层杂食性鱼类。每年 5~6 月为繁殖季节，卵黏性。

【种群状况】 常见的经济鱼类。

【地理分布】 我国南方各江河广泛分布。

133. 中华倒刺鲃 *Spinibarbus sinensis* (Bleeker, 1871)

【分类地位】 鲤形目 Cypriniformes 鲤科 Cyprinidae 倒刺鲃属 *Spinibarbus*。

【鉴别特征】 体长，稍侧扁。口亚下位。唇薄，上唇紧贴于上颌的外表。须 2 对。鳞片中等大，侧线鳞 30~34 枚，背鳍前鳞 7~9 枚。背鳍起点前有 1 根向前的平卧倒刺，背鳍末根不分枝鳍条为硬刺，后缘具锯齿；背鳍起点位于腹鳍起点之前上方，距吻端较距尾鳍基近。体背部呈青灰色，腹部略白；尾鳍末端具浅黑色斑。

【生活习性】 生活于大水面的大江大河，目前人工养殖已获得成功。

【种群状况】 常见的经济鱼类。

【地理分布】 长江流域广泛分布。

134. 倒刺鲃 *Spinibarbus denticulatus denticulatus* (Oshima, 1926)

【分类地位】 鲤形目 Cypriniformes 鲤科 Cyprinidae 倒刺鲃属 *Spinibarbus*。

【鉴别特征】 体长，稍侧扁。口亚下位。唇薄，上唇紧贴于上颌的外表。须 2 对。鳞片中等大，侧线鳞 27~32 枚。背鳍起点前有 1 根向前的平卧倒刺，背鳍硬刺粗壮，后缘具锯齿，起点位于腹鳍起点之后。体背部灰黑色，腹部略白；腹鳍和尾鳍末端具浅黑色斑。

【生活习性】 江河中下层鱼类，草食性。

【种群状况】 主要经济鱼类，人工可以养殖。

【地理分布】 在我国南方地区广泛分布。

135. 云南倒刺鲃 *Spinibarbus denticulatus yunnanensis* Tsu, 1977

【分类地位】 鲤形目 Cypriniformes 鲤科 Cyprinidae 倒刺鲃属 *Spinibarbus*。

【鉴别特征】 体长，侧扁。口亚下位，呈马蹄形。唇薄，上唇紧贴于上颌的外表。须 2 对。鳞片中等大，背鳍前鳞 10~12 枚，侧线鳞 32~35 枚。背鳍外缘平截，起点之前有 1 根平卧的倒刺，背鳍末根不分枝鳍条为硬刺，后缘具锯齿，起点位于腹鳍起点之后。体背部和体侧青灰色，腹部略白。

【生活习性】 生活于水体中上层，多以水草为主要饵料。

【种群状况】 分布地的经济鱼类。

【地理分布】 分布于南盘江水系的抚仙湖等湖泊中。

136. 大鳞金线鲃 *Sinocyclocheilus macrolepis* Wang & Chen, 1989

【分类地位】 鲤形目 Cypriniformes 鲤科 Cyprinidae 金线鲃属 *Sinocyclocheilus*。

【鉴别特征】 体侧扁。吻圆钝。口端位，上颌略长于下颌。眼正常。须 2 对。全身被鳞，侧线鳞稍大于体鳞；侧线鳞 53~65 枚，侧线上鳞 12~14 枚，侧线下鳞 5~6 枚。背鳍末根不分枝鳍条柔软分节，后缘光滑。体青灰色，无斑纹。

【生活习性】 栖息于地下河中。

【种群状况】 种群数量少。

【地理分布】 分布于贵州省荔波县、广西南丹县及环江毛南族自治县的地下河流中。

137. 桂林金线鲃 *Sinocyclocheilus guilinensis* Ji, 1985

【分类地位】 鲤形目 Cypriniformes 鲤科 Cyprinidae 金线鲃属 *Sinocyclocheilus*。

【鉴别特征】 体侧扁。口端位，上颌略长于下颌。眼中等大；侧线鳞 41~50 枚，侧线上鳞 19~26 枚，侧线下鳞 13~16 枚，围尾柄鳞 36~44 枚。背鳍末根不分枝鳍条柔软分节，后缘光滑无锯齿；胸鳍短，后伸远不达腹鳍起点；尾鳍深凹，叉形。体淡黄色；沿侧线上部体侧颜色略深，身体无明显斑纹。

【生活习性】 典型的洞穴鱼类。

【种群状况】 种群数量少。

【地理分布】 分布于广西桂林市市郊的多处溶洞中。

138. 季氏金线鲃 *Sinocyclocheilus jii* Zhang & Dai, 1992

【分类地位】 鲤形目 Cypriniformes 鲤科 Cyprinidae 金线鲃属 *Sinocyclocheilus*。

【鉴别特征】 体侧扁。口端位，上颌略长于下颌。眼中等大；侧线鳞 47~52 枚，侧线上鳞 27~29 枚。背鳍末根不分枝鳍条柔软分节，后缘光滑无锯齿；胸鳍短，后伸远不达腹鳍起点；尾鳍叉形。体青灰色；体侧沿侧线上部具多个不明显的褐色斑纹。

【生活习性】 洞穴鱼类，洪水期常游出洞外的小龙潭觅食。

【种群状况】 在分布地有一定的种群数量，是当地的名鱼——“油鱼”。

【地理分布】 分布于广西贺江上游的富川县境内。

139. 环江金线鲃 *Sinocyclocheilus huanjiangensis* Wu, Gan & Li, 2010

【分类地位】 鲤形目 Cypriniformes 鲤科 Cyprinidae 金线鲃属 *Sinocyclocheilus*。

【鉴别特征】 体侧扁，延长。口端位，上颌略长于下颌。眼大，明晰。须2对，发达，吻须后伸超过眼后缘。全身被细小鳞片，侧线鳞54~65枚，侧线上鳞21~25枚，侧线下鳞12~17枚。背鳍末根不分枝鳍条下半段变硬，后缘具弱的锯齿，末端柔软，具8根分枝鳍条。体呈银灰色，侧线上体侧颜色略深。体侧沿侧线有1条不明显的褐色条纹。

【生活习性】 栖息于洞穴内。

【种群状况】 种群数量少。

【地理分布】 分布于广西环江毛南族自治县长美乡大环江支流的洞穴中。

140. 宜山金线鲃 *Sinocyclocheilus yishanensis* Li & Lan, 1992

【分类地位】 鲤形目 Cypriniformes 鲤科 Cyprinidae 金线鲃属 *Sinocyclocheilus*。

【鉴别特征】 体侧扁。吻端圆，有 1 个小突起在吻端背部正中。口端位。须 2 对，发达；口角须稍长，超过眼后缘。眼大。通体被鳞。背鳍末根不分枝鳍条下半段变硬，后缘具弱的锯齿，末端柔软，具 7 根分枝鳍条。体浅灰色，体侧无明显斑纹。

【生活习性】 栖息于洞穴内。

【种群状况】 在宜州市里洞水库有一定种群数量，当地群众常以刺网捕捞，多称“油鱼”。

【地理分布】 分布于广西宜州里洞水库、同德乡境内的洞穴中。

141. 抚仙金线鲃 *Sinocyclocheilus tingi* Fang, 1936

【分类地位】 鲤形目 Cypriniformes 鲤科 Cyprinidae 金线鲃属 *Sinocyclocheilus*。

【鉴别特征】 体细长，侧扁。吻略尖。口端位。须 2 对，口角须长于吻须。上、下唇在口角处相连，唇后沟不相连。背鳍末根不分枝鳍条变粗、变硬，后缘具锯齿；胸鳍后伸不达腹鳍起点；腹鳍起点位于背鳍起点之前；尾鳍叉形。鳞圆形，侧线鳞较大，侧线鳞 62~72 枚。第 1 鳃弓外侧鳃耙 7~10 枚。体浅灰色，腹部白色；各鳍略黄色。

【生活习性】 生活于湖泊的洞穴中，常游出洞外觅食。

【种群状况】 在云南抚仙湖有一定种群数量，目前正在开发人工养殖。

【地理分布】 分布于南盘江上游抚仙湖中。

142. 滇池金线鲃 *Sinocyclocheilus grahami* (Regan, 1904)

【分类地位】 鲤形目 Cypriniformes 鲤科 Cyprinidae 金线鲃属 *Sinocyclocheilus*。

【鉴别特征】 体细长，侧扁。吻略尖。口亚下位。须2对，口角须长于吻须。上、下唇在口角处相连，唇后沟不相连。背鳍末根不分枝鳍条变粗、变硬，后缘具锯齿；胸鳍后伸不达腹鳍起点；腹鳍起点位于背鳍起点之前；尾鳍叉形。鳞圆形，侧线鳞较大，侧线鳞61~69枚。第1鳃弓外侧鳃耙5~7枚。体浅灰色，体侧具不规则黑色斑块。

【生活习性】 生活于与湖泊相通的洞穴中，常游出洞外，在湖泊中觅食、成长。

【种群状况】 在云南滇池有一定种群数量，目前正在开发人工养殖。

【地理分布】 分布于云南滇池流域。

143. 西畴金线鲃 *Sinocyclocheilus xichouensis* Pan, Li, Yang & Chen, 2013

【分类地位】 鲤形目 Cypriniformes 鲤科 Cyprinidae 金线鲃属 *Sinocyclocheilus*。

【鉴别特征】 体细长，侧扁。吻略尖。口亚下位。须 2 对，吻须后伸超过眼后缘，口角须后伸超过前鳃盖骨后缘。上、下唇在口角处相连，唇后沟不相连。背鳍末根不分枝鳍条变粗、变硬，后缘具锯齿；胸鳍稍长，后伸不达腹鳍起点，但超过胸鳍和腹鳍起点间的 3/4；腹鳍起点位于背鳍起点之前；尾鳍叉形。鳞圆形，侧线鳞较大，侧线鳞 74~88 枚。第 1 鳃弓外侧鳃耙 6 枚。侧线以上体侧呈青灰色，下部灰白色。

【生活习性】 生活于洞穴及与洞穴相通的龙潭中，常游出洞外觅食。

【种群状况】 在云南西畴县有少量分布，目前正在开发人工驯养。

【地理分布】 分布于云南西畴县境内红河水系支流。

144. 短身金线鲃 *Sinocyclocheilus brevis* Lan & Chen, 1992

【分类地位】 鲤形目 Cypriniformes 鲤科 Cyprinidae 金线鲃属 *Sinocyclocheilus*。

【鉴别特征】 体侧扁。头后背部隆起。吻稍尖，向前突出。眼较小。须 2 对，发达。鳞片小，胸、腹部鳞片浅埋于皮下。侧线鳞明显大于体鳞，侧线完全。背鳍末根不分枝鳍条基部较强硬，顶部柔软分节，后缘具锯齿，背鳍分枝鳍条 7 根；尾鳍深分叉。体淡红色，身体无斑纹。

【生活习性】 栖息于地下河中。

【种群状况】 数量少。

【地理分布】 分布于广西罗城县天河镇境内地下河，属龙江天河支流。

145. 短须金线鲃 *Sinocyclocheilus brevibarbatus* Zhao, Lan & Zhang, 2009

【分类地位】 鲤形目 Cypriniformes 鲤科 Cyprinidae 金线鲃属 *Sinocyclocheilus*。

【鉴别特征】 体侧扁。背部轮廓自头后部隆起。头小，眼前部平扁，呈鸭嘴形。吻长小于眼后头长。眼中等大。口亚下位。须 2 对，短小。吻须不达眼前缘；口角须不达眼后缘。鳞较大，侧线鳞 45~50 枚。背鳍末根不分枝鳍条下半段为硬刺，后缘有弱锯齿，上半段柔软分节，背鳍分枝鳍条 7~8 根。胸鳍长，后伸超过腹鳍起点。体淡红色，呈半透明状；部分个体侧线以上体侧颜色略深，具不规则浅灰色斑纹。

【生活习性】 栖息于地下河中。

【种群状况】 种群数量少。

【地理分布】 分布于广西都安瑶族自治县高岭镇地下河中。

146. 长须金线鲃 *Sinocyclocheilus longibarbatus* Wang & Chen, 1989

【分类地位】 鲤形目 Cypriniformes 鲤科 Cyprinidae 金线鲃属 *Sinocyclocheilus*。

【鉴别特征】 体侧扁。背面自头、背交界处开始向后隆起。吻尖，向前突出。口亚下位。眼中等大。须 2 对，发达；吻须后伸可达主鳃盖骨前缘；口角须后伸可达主鳃盖骨后缘。鳞片多，侧线鳞 61~77 枚，侧线上鳞 24~39 枚，侧线下鳞 12~24 枚。背鳍末根不分枝鳍条基部变粗、变硬且后缘锯齿状，末端柔软分节。体呈淡红色，头和体背部具不规则灰色斑纹；部分个体背部及体两侧呈青色。

【生活习性】 栖息于地下河中。

【种群状况】 数量较多。

【地理分布】 分布于贵州省荔波县，广西南丹县、环江县的地下河流中。

147. 巨须金线鲃 *Sinocyclocheilus hugeibarbus* Li & Ran, 2003

【分类地位】 鲤形目 Cypriniformes 鲤科 Cyprinidae 金线鲃属 *Sinocyclocheilus*。

【鉴别特征】 体侧扁。背面自头、背交界处开始向后隆起。吻略尖，向前突出。口下位。须 2 对，发达；吻须后伸可达主鳃盖骨前缘；口角须后伸可达主鳃盖骨后缘。鳞片多，侧线鳞 65~82 枚，侧线上鳞 24~31 枚，侧线下鳞 13~17 枚。背鳍末根不分枝鳍条基部变硬且后缘呈锯齿状，末端柔软分节，背鳍分枝鳍条 7 根；胸鳍长，后伸可达腹鳍起点。体呈白色，通体无色素。

【生活习性】 栖息于地下河中。

【种群状况】 种群数量少。

【地理分布】 分布于贵州省荔波县境内的地下河流中。

148. 凌云金线鲃 *Sinocyclocheilus lingyunensis* Li, Xiao & Luo, 2000

【分类地位】 鲤形目 Cypriniformes 鲤科 Cyprinidae 金线鲃属 *Sinocyclocheilus*。

【鉴别特征】 体延长，侧扁。头较小，吻相对短，吻端圆钝。眼中等大。口端位或亚下位。须 2 对，发达。体鳞中等大，侧线鳞 71~78 枚。背鳍起点明显在腹鳍起点之后上方，末根不分枝鳍条下半段为硬刺，后缘有锯齿，上半段柔软分节；背鳍分枝鳍条 7 根。体青灰色，部分个体淡红色；体侧无斑纹。

【生活习性】 栖息于地下河中。

【种群状况】 有一定种群数量，是当地捕捞的名鱼——“油鱼”。

【地理分布】 分布于广西凌云县泗城镇沙洞、逻楼镇安水村、降村等地的地下河中。

149. 东兰金线鲃 *Sinocyclocheilus donglanensis* Zhao, Watanabe & Zhang, 2006

【分类地位】 鲤形目 Cypriniformes 鲤科 Cyprinidae 金线鲃属 *Sinocyclocheilus*。

【鉴别特征】 体侧扁，延长。口亚下位。须 2 对，较长，吻须后伸超过眼后缘。眼中等大。侧线鳞 57~64 枚。背鳍起点位于体中部；背鳍最后 1 根不分枝鳍条基部较硬，后缘具锯齿；背鳍分枝鳍条 7 根。体青灰色，体侧鳃盖骨后缘沿体中线向后延伸至尾鳍基有 1 条不明显的黑色纵带纹。

【生活习性】 栖息于地下河中。

【种群状况】 种群数量少。

【地理分布】 分布于广西东兰县三石镇、泗孟乡等地地下河中。

150. 九圩金线鲃 *Sinocyclocheilus jiuxuensis* Li & Lan, 2003

【分类地位】 鲤形目 Cypriniformes 鲤科 Cyprinidae 金线鲃属 *Sinocyclocheilus*。

【鉴别特征】 体延长，侧扁。背面自头、身交界处开始显著隆起。头部平扁，吻端圆钝。口下位。眼小。须 2 对，中等长；口角须仅达或略超过眼后缘。胸鳍长，超过腹鳍起点。腹鳍起点位于背鳍起点的前下方。背鳍末根不分枝鳍条基部较硬，后缘具锯齿；背鳍分枝鳍条 7 根；尾鳍叉形。体鳞中等大，覆盖全身。侧线鳞 42~51 枚。体呈半透明状，淡红色；体侧无斑纹。

【生活习性】 栖息于地下河中。

【种群状况】 种群数量少。

【地理分布】 分布于广西河池市九圩镇附近的地下河中。

151. 马山金线鲃 *Sinocyclocheilus mashanensis* Wu, Liao & Li, 2010

【分类地位】 鲤形目 Cypriniformes 鲤科 Cyprinidae 金线鲃属 *Sinocyclocheilus*。

【鉴别特征】 体延长，侧扁。身体背部在头、背交界处隆起。吻钝，平扁。口亚下位，口裂呈马蹄形。眼小。须 2 对，吻须远不达眼前缘，口角须后伸达眼后缘。通体被鳞；侧线完全，侧线鳞 42~46 枚，侧线上鳞 14~17 枚，侧线下鳞 9~12 枚。背鳍末根不分枝鳍条为硬刺，后缘具锯齿；胸鳍长，后伸超过腹鳍起点；尾鳍深分叉。体呈半透明状，淡黄色；体侧无斑纹，仅背部颜色略深。

【生活习性】 栖息于地下河中。

【种群状况】 种群数量少。

【地理分布】 分布于广西马山县古寨乡和古零镇。

152. 高肩金线鲃 *Sinocyclocheilus altishoulderus* (Li & Lan, 1992)

【分类地位】 鲤形目 Cypriniformes 鲤科 Cyprinidae 金线鲃属 *Sinocyclocheilus*。

【鉴别特征】 体高，侧扁。背部轮廓拱起呈弓形。头前部平扁呈鸭嘴状。吻突出。口亚下位。眼较小。须 2 对，发达。鳞片较大，侧线鳞 42~52 枚。背鳍末根不分枝鳍条为硬刺，后缘具锯齿，末端柔软分节；背鳍分枝鳍条 8~9 根。胸鳍后伸超过腹鳍起点；腹鳍后伸达肛门；尾鳍叉形。体浅灰色，腹部略白，身体沿侧线上部体侧颜色略深。

【生活习性】 栖息于地下河中。

【种群状况】 种群数量少。

【地理分布】 分布于广西东兰县境内的地下河中。

153. 大眼金线鲃 *Sinocyclocheilus macrophthalmus* Zhang & Zhao, 2001

【分类地位】 鲤形目 Cypriniformes 鲤科 Cyprinidae 金线鲃属 *Sinocyclocheilus*。

【鉴别特征】 体侧扁。头大，吻圆钝。眼较大。须 2 对，发达，后伸达主鳃盖骨。鳞片细小，侧线鳞 55~69 枚。背鳍末根不分枝鳍条中下部较硬，后缘具锯齿，背鳍分枝鳍条 8 根；胸鳍末端后伸不达腹鳍；腹鳍起点约与背鳍第 2 根分枝鳍条相对；尾鳍深分叉。野生个体身体呈半透明状。室内养殖个体颜色变深，尾鳍基部可见 1 条较明显的深褐色斑纹。

【生活习性】 栖息于地下河中。

【种群状况】 种群数量少。

【地理分布】 分布于广西都安瑶族自治县、大化县境内的地下河中。

154. 小眼金线鲃 *Sinocyclocheilus microphthalmus* Li, 1989

【分类地位】 鲤形目 Cypriniformes 鲤科 Cyprinidae 金线鲃属 *Sinocyclocheilus*。

【鉴别特征】 体高，侧扁。头前部平扁呈鸭嘴状。头后背部拱起呈弓形。口亚下位。眼小。须 2 对，发达。鳞片较大，侧线鳞 42~49 枚。背鳍末根不分枝鳍条为硬刺，后缘具锯齿，末端柔软分节，背鳍分枝鳍条 8~9 根；胸鳍后伸超过腹鳍起点；腹鳍后伸达肛门；尾鳍深分叉。体苍白，略带红色；身体无斑纹。

【生活习性】 栖息于地下河中。

【种群状况】 数量较多，个体较大。

【地理分布】 分布于广西凤山县、巴马瑶族自治县和凌云县的地下河中。

155. 曲背金线鲃 *Sinocyclocheilus flexuosdorsalis* Zhu & Zhu, 2012

【分类地位】 鲤形目 Cypriniformes 鲤科 Cyprinidae 金线鲃属 *Sinocyclocheilus*。

【鉴别特征】 体延长，侧扁。头、背交界处形成向前的肉质角状突起；侧面观，角状突起前端略向下弯曲。吻钝圆。头部平扁，呈鸭嘴状。眼退化，仅残留呈小黑点状。口亚下位。须 2 对。吻后伸都可达眼点。背鳍末根不分枝鳍条顶部柔软分节，下部略硬，后缘具锯齿；背鳍分枝鳍条 7~8 根。胸鳍长，后伸超过腹鳍起点；尾鳍深分叉。除头部外全身覆有鳞片；侧线鳞 37~40 枚。体呈肉红色，半透明状；身体无斑纹。

【生活习性】 栖息于洞穴中。

【种群状况】 数量很少，标本都难以采集。

【地理分布】 仅分布于广西隆林县天生桥镇岩场村 1 个洞穴中。

156. 田林金线鲃 *Sinocyclocheilus tianlinensis* Zhou, Zhang & He, 2004

【分类地位】 鲤形目 Cypriniformes 鲤科 Cyprinidae 金线鲃属 *Sinocyclocheilus*。

【鉴别特征】 体延长，侧扁。头部平扁呈鸭嘴状。头、背交界处急剧隆起，形成向前的突起，多数个体突起不分叉，前端略圆钝。无眼。口亚下位。须 2 对，发达。体表裸露无鳞。背鳍末根不分枝鳍条柔软，后缘无锯齿，背鳍分枝鳍条 8 根；胸鳍末端后伸达腹鳍起点；腹鳍起点与背鳍起点相对。体呈淡肉红色，半透明状；身体无斑纹。

【生活习性】 栖息于洞穴中。

【种群状况】 种群数量极少，属稀有物种。

【地理分布】 分布于广西田林县浪平乡狮子口洞中。

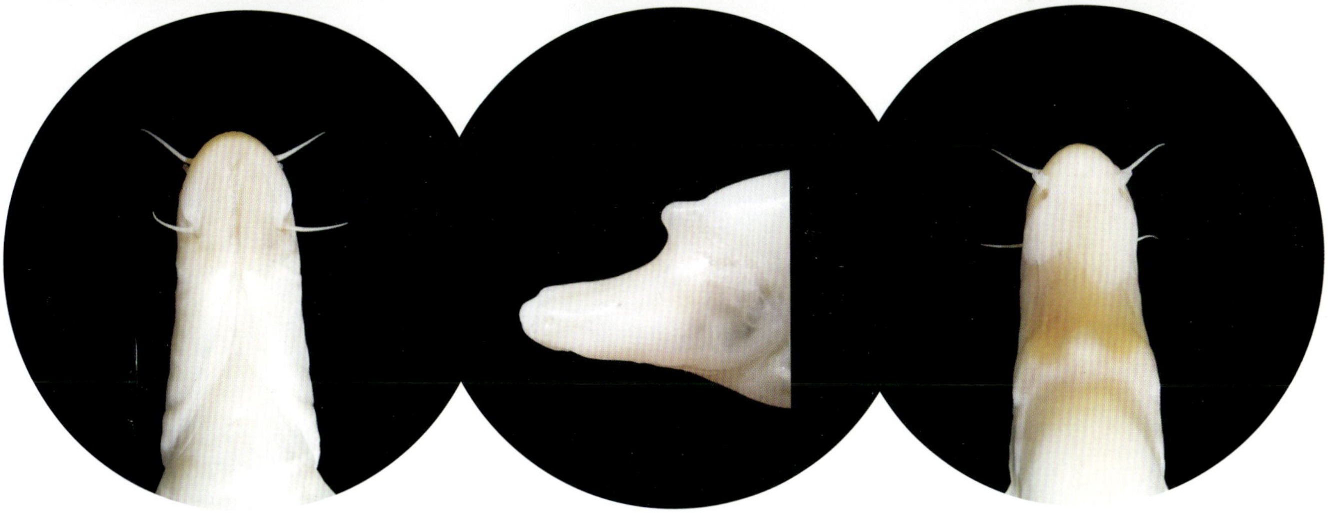

157. 安水金线鲃 *Sinocyclocheilus anshuiensis* Gan, Wu, Wei & Yang, 2013

【分类地位】 鲤形目 Cypriniformes 鲤科 Cyprinidae 金线鲃属 *Sinocyclocheilus*。

【鉴别特征】 体延长，侧扁。头部平扁，呈鸭嘴状。无眼或仅残存黑色眼点。头、背交界处具1个伸向上前方的光滑肉瘤。侧线鳞34~38枚。背鳍末根不分枝鳍条基部为硬刺，后缘具锯齿，后半部柔软分节，背鳍分枝鳍条7根；胸鳍不达或略超过腹鳍起点；腹鳍起点位于背鳍起点之前。尾柄上、下缘具发达肉质鳍褶。通体淡粉红色，半透明状；身体无斑纹。

【生活习性】 栖息于洞穴中。

【种群状况】 种群数量很少，标本采集只能在水位很高时进行，每年仅有几天能采集标本。

【地理分布】 分布于广西凌云县逻楼镇安水村地下洞穴中。

158. 斑点金线鲃 *Sinocyclocheilus punctatus* Lan & Yang, 2016

【分类地位】 鲤形目 Cypriniformes 鲤科 Cyprinidae 金线鲃属 *Sinocyclocheilus*。

【鉴别特征】 体延长、侧扁。头背交界处隆起。背鳍末根不分枝鳍条变粗，下部强硬，后缘具强锯齿；背鳍起点明显后于腹鳍起点，分枝鳍条 8；胸鳍后伸超过腹鳍起点；须细短，吻须后伸不达眼前缘；侧线鳞明显比侧线上、下鳞大；侧线鳞 45~50；第一鳃弓外侧鳃耙 7~8 枚。

【生活习性】 栖息于洞穴中。

【种群状况】 种群数量稀少，属珍稀洞穴鱼类。

【地理分布】 广西壮族自治区南丹县和环江县境内喀斯特地区的洞穴，属珠江流域的红水河、柳江水系。贵州荔波县境内少数洞穴亦有分布。

159. 鸭嘴金线鲃 *Sinocyclocheilus anatirostris* Lin & Luo, 1986

【分类地位】 鲤形目 Cypriniformes 鲤科 Cyprinidae 金线鲃属 *Sinocyclocheilus*。

【鉴别特征】 体延长，侧扁。吻平扁呈鸭嘴状。头、背交界处急剧隆起，形成1对小圆突。无眼或仅残存呈小黑点。口亚下位。须2对。体裸露无鳞。侧线发达，延伸至尾鳍基中央。背鳍末根不分枝鳍条较粗硬，后缘具锯齿，末端柔软分节；胸鳍后伸达腹鳍起点。体乳白色，略带淡红色；身体无斑纹，各鳍透明。

【生活习性】 栖息于地下河中。

【种群状况】 种群数量极少，属稀有种类。

【地理分布】 分布于广西乐业县境内的地下河中。

160. 叉背金线鲃 *Sinocyclocheilus furcodorsalis* Lan & Lan, 1996

【分类地位】 鲤形目 Cypriniformes 鲤科 Cyprinidae 金线鲃属 *Sinocyclocheilus*。

【鉴别特征】 体侧扁。头前端突出呈鸭嘴状。头、背交界处隆起，形成向前伸的叉状突起。无眼。口下位。须 2 对，吻须后伸未达前鳃盖骨后缘。鳞片小，侧线完全，侧线鳞 40~46 枚。背鳍末根不分枝鳍条基部粗硬，为硬刺，后缘具锯齿，背鳍分枝鳍条 7 根；胸鳍长，后伸超过腹鳍起点。体呈半透明状，淡红色；身体和鳍条无斑纹。

【生活习性】 栖息于地下河中。

【种群状况】 有一定的种群数量，是盲 金线鲃种群量较多的一个种。

【地理分布】 分布于广西天峨县境内的地下河中。

161. 犀角金线鲃 *Sinocyclocheilus* (G.) *rhinocerous* Li & Tao, 1994

【分类地位】 鲤形目 Cypriniformes 鲤科 Cyprinidae 金线鲃属 *Sinocyclocheilus*。

【鉴别特征】 体细长，侧扁。吻尖。口下位。头、背交界处形成向前的角状突，极度向前延伸，呈短柱状。须2对。上、下唇在口角处相连，唇后沟不相连。背鳍末根不分枝鳍条变粗、变硬，后缘具锯齿，背鳍分枝鳍条7根；胸鳍长，后伸超过腹鳍起点；腹鳍起点位于背鳍起点之前；尾鳍叉形。体侧散布隐于皮下的细小鳞片，侧线鳞少，侧线鳞 35~40 枚。体褐色，腹面颜色略淡。

【生活习性】 栖息于地下河中。

【种群状况】 种群数量少，标本采集困难。

【地理分布】 分布于云南罗平县境内南盘江水系地下河中。

162. 驯乐金线鲃 *Sinocyclocheilus xunlensis* Lan, Zhao & Zhang, 2004

【分类地位】 鲤形目 Cypriniformes 鲤科 Cyprinidae 金线鲃属 *Sinocyclocheilus*。

【鉴别特征】 体延长，侧扁，较粗壮。头、背交界处向后显著隆起。吻向前突出，略呈鸭嘴状。口近端位。无眼。须 2 对，发达；口角须后伸可达前鳃盖骨的后缘。除头部外全身被鳞；侧线完全，侧线鳞 41~48 枚。背鳍末根不分枝鳍条为硬刺，后缘具明显的锯齿，背鳍分枝鳍条 7 根；胸鳍长，后伸超过腹鳍起点。鲜活时全身淡红色，呈半透明状；身体无斑纹。

【生活习性】 栖息于地下河中。

【种群状况】 有一定的种群数量，是盲 金线鲃 个体较大的种类。

【地理分布】 分布于广西环江县驯乐乡顺宁村的地下河中。

163. 靖西金线鲃 *Sinocyclocheilus jinxiensis* Zheng, Xiu & Yang, 2013

【分类地位】 鲤形目 Cypriniformes 鲤科 Cyprinidae 金线鲃属 *Sinocyclocheilus*。

【鉴别特征】 体侧扁。头前端背面平扁。头后背部向后逐渐隆起。眼退化，残留呈小黑点。须 2 对，短小。鳞片大，侧线鳞 39~41 枚，侧线上鳞 8~9 枚，侧线下鳞 6~7 枚。背鳍末根不分枝鳍条基部为粗壮硬刺，后缘具锯齿，背鳍分枝鳍条 8~9 根；胸鳍长，后伸超过腹鳍起点。体呈淡色；鳞片具新月形灰色斑纹。

【种群状况】 种群数量极少，标本采集很困难。

【地理分布】 分布于广西靖西市新靖镇。

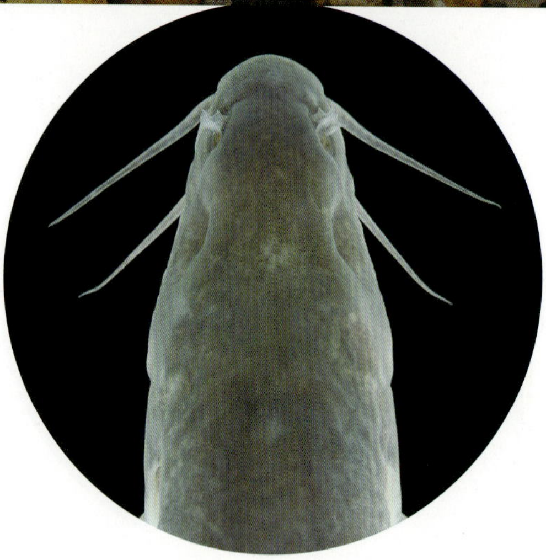

164. 逻楼金线鲃 *Sinocyclocheilus luolouensis* Lan, 2013

【分类地位】 鲤形目 Cypriniformes 鲤科 Cyprinidae 金线鲃属 *Sinocyclocheilus*。

【鉴别特征】 体延长，侧扁。眼退化，仅残留 1 个与后鼻孔大小相当的黑点。口亚下位。须 2 对，发达。除头部外，通体被鳞，侧线鳞 43~49 枚，侧线上鳞 9~12 枚，侧线下鳞 8~9 枚。背鳍末根不分枝鳍条顶部柔软分节，下部 2/3 长度略硬，后缘具锯齿，背鳍分枝鳍条 7 根；胸鳍长，后伸超过腹鳍起点。体灰色；体侧沿侧线上缘至尾鳍基具 1 列黑色斑点。

【生活习性】 栖息于洞穴中。

【种群状况】 种群数量很少，标本采集每年仅有几天水位很高时才能采到。

【地理分布】 分布于广西凌云县逻楼镇安水村 1 个洞穴中。

165. 灌阳金线鲃 *Sinocyclocheilus guanyangensis* Chen, Peng & Zhang, 2016

【分类地位】 鲤形目 Cypriniformes 鲤科 Cyprinidae 金线鲃属 *Sinocyclocheilus*。

【鉴别特征】 体延长，侧扁。头较小，吻端近圆锥形。无眼。口亚下位。须 2 对，发达，口角须末端超过前鳃盖骨后缘。体鳞中等大，侧线鳞 61－64，侧线上鳞 22－23，侧线下鳞 14－16，围尾柄鳞 44－46。背鳍起点约与腹鳍起点相对，末根不分枝鳍条柔软，后缘无锯齿；胸鳍短，不达腹鳍起点；背鳍分枝鳍条 7。生活时体深灰色，腹部略白；身体背部颜色较深，体侧及腹部颜色较浅；通体无斑纹。

【生活习性】 典型洞穴鱼类。

【种群状况】 种群数量少，但个体较大。

【地理分布】 分布于广西灌阳县观音阁乡响水洞。

166. 软鳍新光唇鱼 *Neolissochilus benasi* (Pellegrin & Chevey, 1936)

【分类地位】 鲤形目 Cypriniformes 鲤科 Cyprinidae 新光唇鱼属 *Neolissochilus*。

【鉴别特征】 体修长，侧扁。吻圆钝。口次下位，深弧形。上、下唇在口角处相连，上唇略突出于下唇。须 2 对，发达。口角须达到眼后缘。背鳍末根不分枝鳍条柔软分节，后缘光滑；腹鳍后伸近腹鳍基，腹鳍起点位于背鳍起点的后下方；尾鳍叉形。 鳞片大，侧线鳞 32 枚。体侧沿侧线有 1 条黑色纵带，胸鳍和尾鳍下叶略红。

【生活习性】 江河鱼类，人工驯化能吃普通颗粒饲料。

【种群状况】 经济鱼类，有一定的种群量，个体较大，已开展人工驯养、繁殖研究。

【地理分布】 分布于元江水系。

167. 厚唇光唇鱼 *Acrossocheilus labiatus* (Regan, 1908)

【分类地位】 鲤形目 Cypriniformes 鲤科 Cyprinidae 光唇鱼属 *Acrossocheilus*。

【鉴别特征】 体延长，侧扁。口小，下位。下颌前端露出唇外。下唇分左、右两瓣，在颏部中央相互接触或靠近。上、下唇在口角处相连，唇后沟深，左、右不相连。须 2 对，口角须后伸达眼中央的下方。鳞片中等大，侧线鳞 38~41 枚。背鳍末根不分枝鳍条不变粗，后缘光滑。体侧具 6 条跨侧线的垂直黑色条纹；背鳍鳍条间膜有黑色条纹。

【生活习性】 栖息于水质好，清澈透明，多砾石、砂底河段。

【种群状况】 常见的小型经济鱼类。

【地理分布】 分布于珠江流域各小支流。

168. 侧条光唇鱼 *Acrossocheilus parallens* (Nichols, 1931)

【分类地位】 鲤形目 Cypriniformes 鲤科 Cyprinidae 光唇鱼属 *Acrossocheilus*。

【鉴别特征】 体延长，侧扁。口下位。下唇肥厚，分左、右两瓣，中央仅有1道裂缝；下颌前端呈弧形，稍露出唇外。须2对，口角须大于眼径。鳞片中等大，侧线鳞36~38枚。背鳍末端不分枝鳍条不变粗，后缘有细锯齿，末端柔软分节。体侧具6条向下终止于侧线的垂直黑色条纹，每条占2~3列鳞片；雄体沿侧线有1条黑色纵带。

【生活习性】 常栖息于水草丰富，水清澈透明，多砾石底河段。

【种群状况】 山溪、小河数量多，为常见的小型经济鱼类。

【地理分布】 分布于珠江流域的柳江支流。

169. 带半刺光唇鱼 *Acrossocheilus hemispinus cinctus* (Lin, 1931)

【分类地位】 鲤形目 Cypriniformes 鲤科 Cyprinidae 光唇鱼属 *Acrossocheilus*。

【鉴别特征】 体长，侧扁。口下位。下唇侧瓣发达，两侧瓣相互接近，间隙狭窄。唇后沟中断。须 2 对。鳞片中等大，侧线鳞 39~41 枚。背鳍末根不分枝鳍条较粗，后缘具锯齿。体浅黄色，体侧具 5~6 条垂直条纹；体侧沿侧线有 1 条明显的黑色纵带。

【生活习性】 栖息于水质清澈，多砾石、砂底河段。

【种群状况】 柳江、桂江各支流数量多，是当地主要小型经济鱼类。

【地理分布】 西江流域各支流广泛分布。

170. 北江光唇鱼 *Acrossocheilus beijiangensis* Wu & Lin, 1977

【分类地位】 鲤形目 Cypriniformes 鲤科 Cyprinidae 光唇鱼属 *Acrossocheilus*。

【鉴别特征】 体长，侧扁。口亚下位。上、下唇连于口角，下唇两侧瓣间有缝隙。下颌突出于下唇之外。唇后沟中断。须2对。鳞片中等大，侧线鳞39~41枚。背鳍末根不分枝鳍条为硬刺，其后缘具锯齿。体侧具5条垂直黑色条纹，下伸超过侧线，每条占3~4列鳞片。臀鳍及尾鳍灰黑色；尾鳍有分散小黑点。

【生活习性】 常栖息于水质较好，河床多砾石、砂底河段。

【种群状况】 柳江支流的龙江上游数量较多，是经济鱼类之一。

【地理分布】 分布于珠江流域的漓江、柳江。

171. 细身光唇鱼 *Acrossocheilus elongates* (Pellegrin & Chevey, 1934)

【分类地位】 鲤形目 Cypriniformes 鲤科 Cyprinidae 光唇鱼属 *Acrossocheilus*。

【鉴别特征】 体细长，侧扁。吻长小于眼后头长。吻皮包住上唇基部。口亚下位，呈马蹄形。唇光滑。上唇紧包于上颌，上、下唇在口角处相连。下颌前缘平直，为锋利的角质。须2对，吻须极细弱，口角须长为眼径的1/2。眼中等大，侧上位。鳞片中等大。侧线平直，后延至尾柄正中。背鳍末根不分枝鳍条上缘柔软分节，基部后缘具细锯齿，背鳍起点在腹鳍的前方；胸鳍末端远不达腹鳍；尾鳍叉形。体背棕褐色，腹部略白。体侧沿侧线有1条黑色条纹。

【生活习性】 喜欢生活于沙滩急流处河段。

【种群状况】 种群数量较少，捕捞个体小。

【地理分布】 分布于柳江、红水河、左江、右江、北江等。

172. 云南光唇鱼 *Acrossocheilus yunnanensis* (Regan, 1904)

【分类地位】 鲤形目 Cypriniformes 鲤科 Cyprinidae 光唇鱼属 *Acrossocheilus*。

【鉴别特征】 体长，侧扁。口小，亚下位。下唇两侧瓣相距为口宽的 1/3。下颌前缘露出唇外，唇后沟中断。须 2 对。鳞片中等大，侧线鳞 45~47 枚。背鳍末根不分枝鳍条为硬刺，后缘具强锯齿。尾鳍深叉形。幼鱼体侧有 1 列圆形斑点，成鱼消失。体无垂直条纹。

【生活习性】 多生活于砾石、砂底河段。

【种群状况】 常见经济鱼类，个体较大，数量多。

【地理分布】 分布于珠江流域各支流的左江、右江和红水河等。

173. 长鳍光唇鱼 *Acrossocheilus longipinnis* (Wu, 1939)

【分类地位】 鲤形目 Cypriniformes 鲤科 Cyprinidae 光唇鱼属 *Acrossocheilus*。

【鉴别特征】 体较高，侧扁。头后背部隆起。口亚下位。下唇两侧瓣相距为口宽的 1/3。下颌前缘露出唇外，具角质薄锋。须 2 对。鳞片中等大，侧线鳞 42~44 枚。背鳍末根不分枝鳍条为粗壮硬刺，后缘具强锯齿。背鳍长于头长，较大个体背鳍末根不分枝鳍条和第 1 根分枝鳍条末端延长呈丝状；尾鳍深叉形。体侧有 5 条橙红色垂直横带，上宽下窄。

【生活习性】 多栖息于水质好，河面开阔的河段。

【种群状况】 重要经济鱼类。

【地理分布】 分布于珠江流域的漓江、柳江、红水河、右江、左江等。

174. 虹彩鲭光唇鱼 *Acrossocheilus iridescens iridescens* (Nichols & Pope, 1927)

【分类地位】 鲤形目 Cypriniformes 鲤科 Cyprinidae 光唇鱼属 *Acrossocheilus*。

【鉴别特征】 体长，侧扁。口亚下位。下唇两侧瓣分离；下颌前缘露出下唇外，具角质薄锋。须 2 对。鳞片中等大，侧线鳞 42~43 枚。背鳍末根不分枝鳍条为粗壮硬刺，后缘具强锯齿，背鳍外缘略内凹；尾鳍深叉形。尾柄高小于眼后头长。体侧有 5 条与背部颜色一致的垂直条纹，垂直条纹有 6~8 枚鳞片宽。

【生活习性】 多栖息于水面开阔水域。

【种群状况】 有一定的种群量，个体较大，为分布地的经济鱼类。

【地理分布】 分布于海南省各水系。

175. 粗须白甲鱼 *Onychostoma barbatum* (Lin, 1931)

【分类地位】 鲤形目 Cypriniformes 鲤科 Cyprinidae 白甲鱼属 *Onychostoma*。

【鉴别特征】 体长形，稍侧扁。鼻前方浅凹。口下位；口裂窄，头长为吻长的 2.7 倍以上。上、下唇在口角处相连。下颌边缘具角质薄锋。须 2 对。鳞片中等大。侧线完全。第 1 鳃弓外侧鳃耙 25 枚以下。背鳍末根不分枝鳍条柔软，后缘一般无锯齿或有弱锯齿。体侧沿侧线有 1 条浅黑色纵带。

【生活习性】 常栖息于急流的河滩，刮取附着于岩石上的固着藻类为食。

【种群状况】 山溪、小河数量多，是当地的经济鱼类。

【地理分布】 分布于珠江流域支流的柳江、漓江和右江。

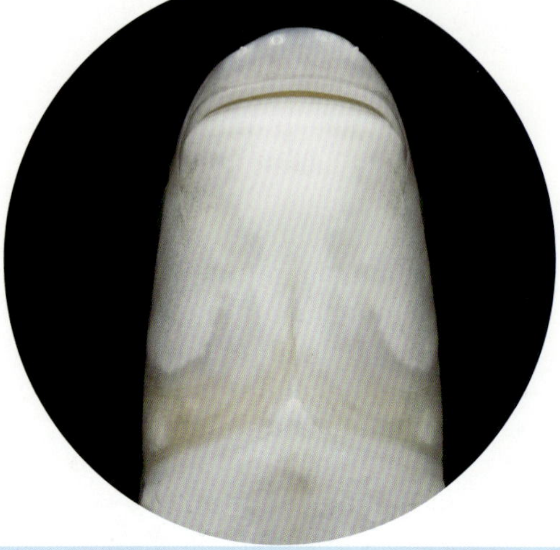

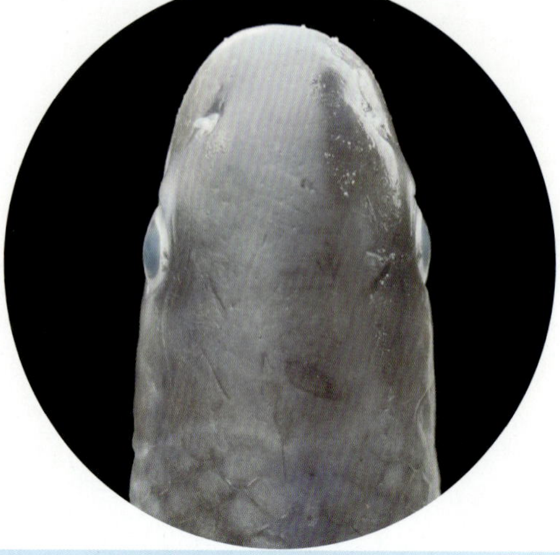

176. 细尾白甲鱼 *Onychostoma lepturum*（**Boulenger, 1899**）

【分类地位】 鲤形目 Cypriniformes 鲤科 Cyprinidae 白甲鱼属 *Onychostoma*。

【鉴别特征】 体细长，侧扁。尾柄较细。吻钝，顶端具珠星；吻皮与上唇分离。口下位，横裂。下颌具锐利的角质前缘。无须。鳞片中等大，背鳍前鳞 12~15 枚；侧线完全，侧线鳞 46~48 枚。背鳍末根不分枝鳍条柔软不变粗，后缘无锯齿。尾鳍深分叉，尾鳍最长鳍条约为中央最短鳍条的 3 倍。体浅黄色。体侧沿侧线有 1 条暗色条。臀鳍、背鳍和尾鳍边缘淡红色。

【生活习性】 刮取附着于岩石上的固着藻类为食，喜欢在水流急的河滩生活。

【种群状况】 有一定的种群量，个体较大，是当地主要经济鱼类。

【地理分布】 分布于广西、广东、福建和海南。

177. 白甲鱼 *Onychostoma sima* (Sauvage & Dabry, 1874)

【分类地位】 鲤形目 Cypriniformes 鲤科 Cyprinidae 白甲鱼属 *Onychostoma*。

【鉴别特征】 体长形，稍侧扁。口下位。口裂宽，弧形。下颌裸露，边缘具角质薄锋。成鱼无须。鳞片中等大。侧线完全。第 1 鳃弓外侧鳃耙 30 枚以上。背鳍外缘内凹，末根不分枝鳍条为粗壮硬刺，后缘一般有锯齿；腹鳍起点位于背鳍起点的后下方。体银白色，体侧鳞片基部有新月形暗斑；胸鳍、腹鳍和尾鳍边缘略黄。

【生活习性】 喜欢急流的河滩环境生活，刮取附着于岩石上的固着藻类为食。

【种群状况】 有一定种群量，个体较大，是分布地的经济鱼类之一。

【地理分布】 分布于长江水系中、下游，珠江流域亦有分布。

178. 南方白甲鱼 *Onychostoma gerlachi* (Peters, 1881)

【分类地位】 鲤形目 Cypriniformes 鲤科 Cyprinidae 白甲鱼属 *Onychostoma*。

【鉴别特征】 体长，侧扁。口下位，横裂。上颌末端不达眼前缘；下颌具角质薄锋。幼鱼具 1 对口角须，成鱼须退化。鳞片中等大，侧线鳞 47~49 枚。背鳍外缘内凹，末根不分枝鳍条为粗壮硬刺，后缘具强锯齿；腹鳍起点在背鳍起点之后下方。体银白色，背部深灰色。沿侧线有 1 条深色条纹，幼鱼清晰，成鱼则隐约可见。

【生活习性】 多栖息于急流的河滩，刮取附着于岩石上的固着藻类为食。

【种群状况】 重要经济鱼类。

【地理分布】 广泛分布于广西各江河，是江河重要的经济鱼类。

179. 小口白甲鱼 ***Onychostoma lini* (Wu, 1939)**

【分类地位】 鲤形目 Cypriniformes 鲤科 Cyprinidae 白甲鱼属 *Onychostoma*。

【鉴别特征】 体细长，侧扁；尾柄较细。吻钝。口下位。下颌具角质薄锋。须 2 对。鳞片中等大，侧线完全，侧线鳞 46 枚以上。背鳍末根不分枝鳍条为粗壮硬刺，后缘具强锯齿；尾鳍深叉形。体银白色，背部浅灰色。体侧鳞片基部有新月形黑斑，沿侧线有 1 条暗色条纹。尾鳍内缘微黑色。

【生活习性】 红水河、柳江各支流常栖息在水面开阔的河段。

【种群状况】 经济鱼类之一。

【地理分布】 南方各水系均有分布。

180. 珠江卵形白甲鱼 *Onychostoma ovalis rhomboids* (Tang, 1942)

【分类地位】 鲤形目 Cypriniformes 鲤科 Cyprinidae 白甲鱼属 *Onychostoma*。

【鉴别特征】 体高，侧扁。头短，吻钝。口下位，口裂平直。下颌前缘具角质边缘。须2对。鳞片中等大，侧线鳞46枚以下。侧线完全，稍弯，后延至尾柄正中。背鳍末根不分枝鳍条为粗壮硬刺，后缘具强锯齿，第1根分枝鳍条背鳍超过头长；腹鳍起点在背鳍起点之后下方；尾鳍深分叉。体青绿色，背部灰黑色。体侧鳞片基部具新月形黑斑。各鳍淡黄色。

【生活习性】 喜欢栖息于急流的河滩，刮取附着于岩石上的固着藻类为食。

【种群状况】 主要经济鱼类。

【地理分布】 南方各水系均有分布。

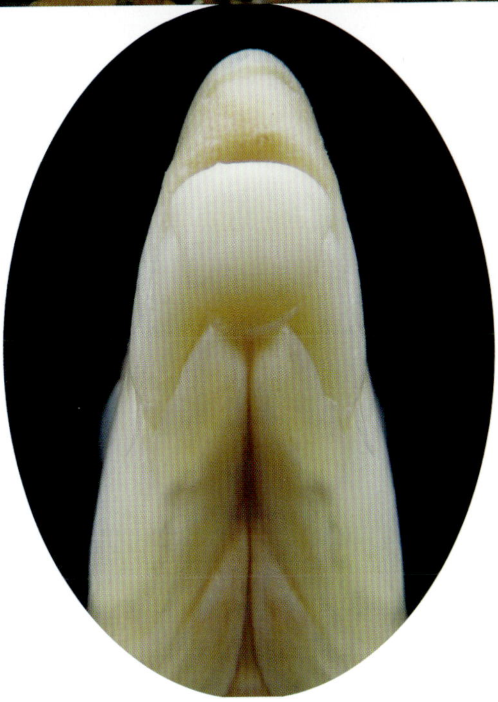

181. 鳜结鱼 ***Folifer brevifilis*** **(Peters, 1881)**

【分类地位】 鲤形目 Cypriniformes 鲤科 Cyprinidae 鳜结鱼属 *Folifer*。

【鉴别特征】 体延长而侧扁。头较长，吻尖。口下位，口裂呈马蹄形。下唇分 2 片侧叶和 1 片中间叶，中间叶较大、呈舌状；唇后沟连续。须 2 对。鳞片中等大，侧线鳞 45~47 枚。背鳍末根不分枝鳍条为粗壮硬刺，后缘具锯齿；腹鳍起点在背鳍起点之后下方；尾鳍深分叉。第 1 鳃弓外侧鳃耙 25~29 枚。体侧及背部青绿色，腹部略白。体侧鳞片基部具新月形黑斑。各鳍边缘淡黄色。

【生活习性】 多在急流的河滩生活。

【种群状况】 常见经济鱼类。

【地理分布】 南方各水系均有分布。

182. 桂孟加拉鲮 *Bangana decora* (Peters, 1881)

【分类地位】 鲤形目 Cypriniformes 鲤科 Cyprinidae 孟加拉鲮属 *Bangana*。

【鉴别特征】 体长而侧扁。吻皮边缘光滑，吻皮覆盖上唇中部；上唇紧贴于上颌，在口角处与下唇相连。口下位。下唇与下颌分离，其间具有深沟相隔；唇后沟不相连。须 2 对，短小。鳞片中等大，侧线鳞 43~46 枚；围尾柄鳞 24 枚。背鳍无硬刺，起点在腹鳍之前。体青绿色，背部颜色略深，腹部略白。体侧鳞片中心具红色点。

【生活习性】 常栖息于水面开阔的河段。

【种群状况】 主要经济鱼类，人工可以养殖。

【地理分布】 珠江流域广泛分布，是江河比较名贵的经济鱼类，近年已有一些地方开展人工养殖。

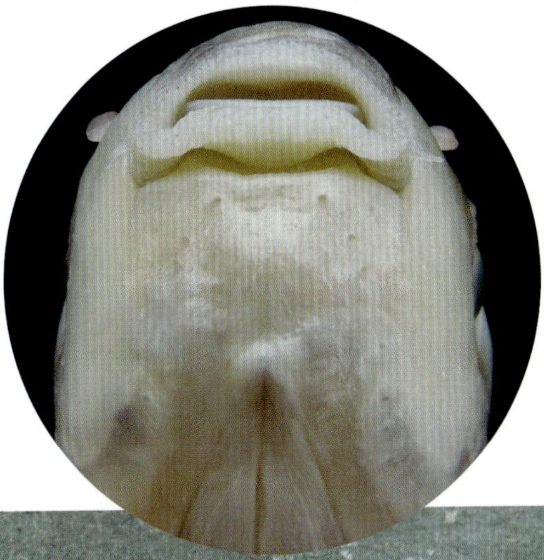

183. 露斯塔野鲮 *Labeo rohita* (Hamilton, 1822)

【分类地位】 鲤形目 Cypriniformes 鲤科 Cyprinidae 野鲮属 *Labeo*。

【鉴别特征】 体较高略侧扁。吻圆钝，吻皮仅盖住上唇基部；上唇发达，露于吻皮之外。口下位；下颌舌状。下唇与下颌分离，其间具有沟相隔；下唇外翻。上、下唇表面具颗粒状乳突。口角须 1 对。鳞片中等大，侧线鳞 41~42 枚；围尾柄鳞 20 枚。背鳍无硬刺，外缘略凹。腹鳍起点位于背鳍起点之后。体侧及背部青绿色，腹部略白。体侧鳞片中心呈淡红色。腹鳍、臀鳍红色；尾鳍边缘红色。

【生活习性】 在静水池塘、水库、湖泊均能很好适应，吃人工投喂的颗粒饲料。

【种群状况】 南方人工养殖的主要经济鱼类。

【地理分布】 外来种，在中国南方各地均有养殖。

184. 鲮 *Cirrhinus molitorella* (Valenciennes, 1844)

【分类地位】 鲤形目 Cypriniformes 鲤科 Cyprinidae 鲮属 *Cirrhinus*。

【鉴别特征】 体长，侧扁。口下位。上唇与上颌分离，下唇边缘布满乳突状角质突起。唇后沟中断。上、下颌具角质薄锋。须 2 对。侧线完全，侧线鳞 38~40 枚。背鳍无硬刺，背鳍分枝鳍条 12~13 根；尾鳍深分叉。体青灰色，腹部银白色；体侧胸鳍上方侧线附近有由蓝色鳞片组成的斑纹。

【生活习性】 水面开阔的河段、急流险滩均能很好适应，能刮取岩石上固着藻类为食，也吃人工投喂的颗粒饲料。

【种群状况】 主要经济鱼类，人工可以养殖。

【地理分布】 广泛分布于南方各水系。

185. 纹唇鱼 *Osteochilus salsburyi* Nichols & Pope, 1927

【分类地位】 鲤形目 Cypriniformes 鲤科 Cyprinidae 纹唇鱼属 *Osteochilus*。

【鉴别特征】 体小型，侧扁。吻皮覆盖上唇基部，与上唇分离。口小，亚下位。上唇与上颌分离，上唇两侧外翻，具斜行条纹皮褶。下唇发达，与下颌分离，具条形皮褶。下颌前缘具角质薄锋。须2对，短小。鳞中等大，侧线鳞32~34枚。背鳍无硬刺，起点位于腹鳍之前；尾鳍叉形。体背侧灰黑色，腹侧略白，体侧近尾柄处有1条不明显的黑色纵带。

【生活习性】 水库、湖泊、河流水流平缓处均能很好生活。

【种群状况】 常见鱼类，数量多。

【地理分布】 我国南方江河、水库广泛分布。

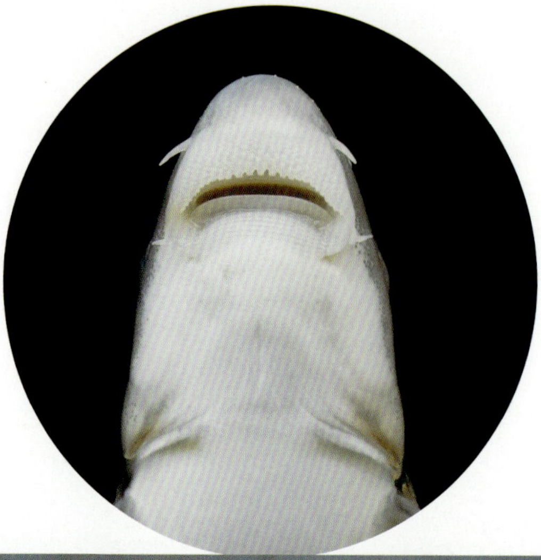

186. 直口鲮 *Rectoris posehensis* Lin, 1935

【分类地位】 鲤形目 Cypriniformes 鲤科 Cyprinidae 直口鲮属 *Rectoris*。

【鉴别特征】 体长，前躯近圆筒形，尾柄细长，侧扁。头小。吻长，吻皮向腹面包围，盖住上颌，边缘半月形区域散布有细小乳突，边缘具浅裂。吻皮在口角处与下唇相连。上唇消失。上颌在口角处以系带与下唇相连；下颌与下唇分离，下颌平直，具角质鞘。口下位。唇后沟仅限于口角。须 2 对。鳞片中等大，侧线鳞 42~45 枚。背鳍无硬刺；腹鳍起点在背鳍起点之后；尾鳍深叉形。体银白色，背部灰黑色；鳃孔上角至尾鳍基部沿侧线有 1 条黑色纵带。

【生活习性】 能刮取附着于岩石上的固着藻类为食。喜欢栖息于有岩石的河段，尤其与河流相通的地下河出口处。

【种群状况】 重要经济鱼类，数量多。

【地理分布】 分布于珠江流域的左江、右江、红水河、柳江和郁江。

187. 长须直口鲮 *Rectoris longibargus* Zhu, Zhang & Lan, 2012

【分类地位】 鲤形目 Cypriniformes 鲤科 Cyprinidae 直口鲮属 *Rectoris*。

【鉴别特征】 体长，前躯近圆筒形，尾柄细长，侧扁。头小。吻长，吻皮向腹面包围，盖住上颌，边缘半月形区域散布有细小乳突，边缘具浅裂。吻皮在口角处与下唇相连。上唇消失。上颌在口角处以系带与下唇相连。下唇中央后部具1个小乳突状肉垫。下颌与下唇分离，下颌平直，具角质鞘。口下位。唇后沟仅限于口角。须2对，吻须长大于眼径。鳞片中等大，侧线鳞42~45枚。背鳍无硬刺；腹鳍起点在背鳍起点之后；尾鳍深叉形。鳔后室呈哑铃形，与鳔前室长度相当。体银白色，背部灰黑色；鳃孔上角至尾鳍基部沿侧线有1条黑色纵带。

【生活习性】 生活于地下河及出口处的龙潭。

【种群状况】 种群数量较少。

【地理分布】 分布于广西靖西市境内的左江。

188. 巴马拟缨鱼 *Pseudocrossocheilus bamaensis* (Fang, 1981)

【分类地位】 鲤形目 Cypriniformes 鲤科 Cyprinidae 拟缨鱼属 *Pseudocrossocheilus*。

【鉴别特征】 体长，近圆筒形。腹部圆。头小，吻圆钝。口下位。吻皮覆盖上颌，边缘呈缨状，缨上有肉质乳突。上唇消失。吻皮在口角处与下唇相连。下唇与下颌分离，下唇前端具乳突。上、下颌均具角质薄锋，在口角处以系带相连。须 2 对。背鳍无硬刺，起点在腹鳍之前。尾柄长，体长为尾柄长的 4.8~5.3 倍。体灰黑色；体侧有不规则黑色斑点，胸鳍上方近侧线处有 1 条明显的黑斑。

【生活习性】 常刮取附着于岩石上的固着藻类为食。喜欢栖息于洞穴及有岩石、砾石的河段。

【种群状况】 主要经济鱼类，人工可以养殖。

【地理分布】 分布于珠江流域的红水河、柳江。

189. 柳城拟缨鱼 *Pseudocrossocheilus liuchengensis* (Liang, Liu & Wu, 1987)

【分类地位】 鲤形目 Cypriniformes 鲤科 Cyprinidae 拟缨鱼属 *Pseudocrossocheilus*。

【鉴别特征】 体长，近圆筒形。腹部圆。头小，吻圆钝。口下位。吻皮覆盖上颌，边缘呈缨状，缨上有肉质乳突。上唇消失。吻皮在口角处与下唇相连。下唇与下颌分离，下唇前端具乳突。上、下颌均具角质薄锋，在口角处以系带相连。须 2 对。背鳍无硬刺，起点在腹鳍之前。尾柄短，体长为尾柄长的 5.9~6.6 倍。体灰黑色；体侧和体背部有不规则斑点，体侧沿侧线上方有约 10 块黑色圆斑组成的纵行条纹；鳃盖处有 1 块明显的黑斑。

【生活习性】 常刮取附着于岩石上的固着藻类为食，栖息在洞穴中及出口处。

【种群状况】 种群数量多。

【地理分布】 分布于珠江流域的柳江、红水河洞穴中。

190. 异华鲮 *Parasinilabeo assimilis* Wu & Yao, 1977

【分类地位】 鲤形目 Cypriniformes 鲤科 Cyprinidae 异华鲮属 *Parasinilabeo*。

【鉴别特征】 体近圆筒形。体长为体高的 3.8~4.3 倍。吻圆钝。吻皮肥厚，向腹面伸展，覆盖上颌，边缘有直行排列的角质突起。口下位。上唇消失。下唇与下颌分离，下唇具乳突。上、下颌具角质前缘。唇后沟仅限于口角。须2对。鳞片中等大。侧线平直。背鳍无硬刺；尾鳍叉形。体灰黑色，腹部乳白色。体侧具 2~3 条黑色纵纹。

【生活习性】 多刮取附着于岩石上的固着藻类为食。喜欢栖息在河滩，尤其是砂石、砾石底的河段以及洞穴出口处。

【种群状况】 种群数量多，是常见的小型经济鱼类。

【地理分布】 分布于珠江流域的桂江、柳江各支流。

191. 长鳍异华鲮 *Parasinilabeo longiventralis* Huang, Chen & Yang, 2007

【分类地位】 鲤形目 Cypriniformes 鲤科 Cyprinidae 异华鲮属 *Parasinilabeo*。

【鉴别特征】 体近圆筒形。吻圆钝。吻皮肥厚，向腹面伸展，覆盖上颌，边缘有直行排列的角质突起。口下位。上唇消失。下唇与下颌分离，下唇具乳突。上、下颌具角质前缘。唇后沟仅限于口角。须 2 对。口角须长为吻须长的 78.3%~90.4%。鳞片中等大。侧线平直。腹鳍长度为腹鳍起点至臀鳍起点间距的 83.7%~89.4%; 尾鳍叉形。体灰黑色，腹部乳白色。在侧线鳞的后方有 1 条宽的褐色纵条纹；体上有不规则的斑点。

【生活习性】 常刮取附着于岩石上的固着藻类为食。生活于山溪、小河沟有砾石的河段。

【种群状况】 在分布地有一定种群数量。

【地理分布】 分布于广西富川县境内的贺江。

192. 长体异华鲮 ***Parasinilabeo longicorpus*** **Zhang, 2000**

【分类地位】 鲤形目 Cypriniformes 鲤科 Cyprinidae 异华鲮属 *Parasinilabeo*。

【鉴别特征】 体细长。体长为体高的5.3~6.8倍。吻圆钝。吻皮肥厚，向腹面伸展，覆盖上颌，边缘有直行排列的角质突起。口下位。上唇消失。下唇与下颌分离，下唇具乳突。上、下颌具角质前缘。唇后沟仅限于口角。须2对。鳞片中等大。侧线平直。背鳍无硬刺；尾鳍叉形。体灰黑色，腹部略白。

【生活习性】 常栖息于山溪、小河有砂石的河段。

【种群状况】 数量较少。

【地理分布】 分布于珠江流域的红水河刁江支流山溪中。

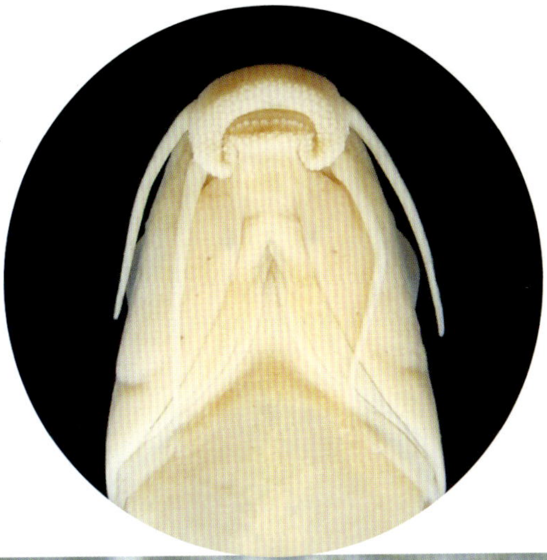

193. 长须异华鲮 *Parasinilabeo longibarbus* Zhu, Lan & Zhang, 2006

【分类地位】 鲤形目 Cypriniformes 鲤科 Cyprinidae 异华鲮属 *Parasinilabeo*。

【鉴别特征】 体细长。体长为体高的 5.3~6.8 倍。吻圆钝。吻皮肥厚，向腹面伸展，覆盖上颌，边缘有直行排列的角质突起。口下位。上唇消失。下唇与下颌分离，下唇具乳突。上、下颌具角质前缘。唇后沟仅限于口角。须 2 对，发达；口角须略长于吻须；吻须末端达眼后缘垂线下方；口角须末端超过主鳃盖骨前缘。鳞片中等大。侧线平直。背鳍无硬刺；尾鳍叉形。体灰黑色，腹部乳白色。在侧线鳞的后方有 1 条宽的褐色纵条纹。

【生活习性】 栖息在洞穴中。

【种群状况】 种群数量少。

【地理分布】 分布于广西富川县境内的洞穴中。

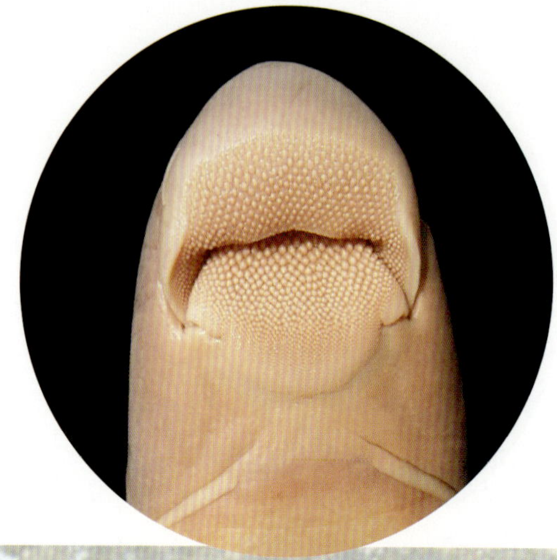

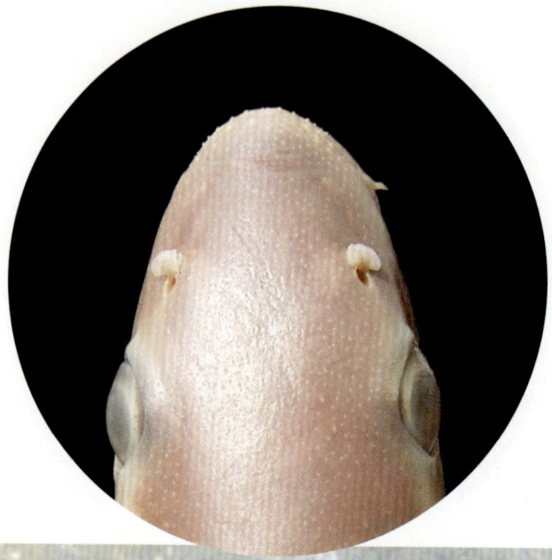

194. 唇鲮 *Semilabeo notabilis* Peters, 1881

【分类地位】 鲤形目 Cypriniformes 鲤科 Cyprinidae 唇鲮属 *Semilabeo*。

【鉴别特征】 体长，前部近圆筒形，尾柄部侧扁。吻皮下垂向腹面扩展形成口前室，表面具排列整齐的锉状角质突起，边缘完整不开裂。口下位，横裂。上唇消失。下唇很厚，下唇角质小乳突区呈三角形。上、下颌边缘锐利，上颌弧形，下颌平直。唇后沟短，不相连。眼大。须 2 对。背鳍外缘深凹，无硬刺；尾鳍叉形。鳞片大，围尾柄鳞 16 枚。背部青黑色，侧线以下体侧和腹部略白。体侧从头后至尾鳍基部有灰褐色的鳞间纵纹 8~9 条。

【生活习性】 栖息于大河，尤其是有岩石河段，刮取岩石上的固着藻类为食。

【种群状况】 经济鱼类，但近年由于捕捞、生态的影响，数量急剧减少。

【地理分布】 广泛分布于珠江流域各较大河流。

195. 暗色唇鲮 *Semilabeo obscurus* Lin, 1981

【分类地位】 鲤形目 Cypriniformes 鲤科 Cyprinidae 唇鲮属 *Semilabeo*。

【鉴别特征】 体长，前部近圆筒形，尾柄部侧扁。吻皮下垂向腹面扩展形成口前室，表面具排列整齐的锉状角质突起，边缘完整不开裂。口下位，横裂。上唇消失，下唇很厚，下唇角质小乳突区呈三角形。上、下颌边缘锐利，上颌弧形，下颌平直。唇后沟短，不相连。须2对。背鳍外缘深凹，无硬刺；尾鳍叉形。鳞片大，围尾柄鳞20枚。体侧和背部青黑色，体侧具不明显的小黑斑，但不形成纵纹。

【生活习性】 刮取附着于岩石上的固着藻类为食。生活于小河，多在砂滩及有岩石、砾石河段。

【种群状况】 经济鱼类之一。

【地理分布】 分布于珠江流域的右江、红水河。

196. 泉水鱼 *Pseudogyrinocheilus prochilus* (Sauvage & Dabry de Thiersant, 1874)

【分类地位】 鲤形目 Cypriniformes 鲤科 Cyprinidae 泉水鱼属 *Pseudogyrinocheilus*。

【鉴别特征】 体前部近圆筒形，后部侧扁。头高等于头宽。吻圆钝，向前突出；吻皮下包，在上颌之前形成口前室，在口角处与下唇相连；吻皮表面有排列整齐的小乳突。下唇发达，表面具乳突，唇后沟中断，仅限于口角处。须2对，吻须长约与眼径相等。鳞中等大，腹鳍之前的胸、腹部鳞片都隐于皮下。侧线平直，侧线鳞45~48枚。体灰黑色。体侧上部鳞片的基部具1个黑点，在体侧连成若干纵行条纹，在胸鳍中部的上方常具1块不显著的黑斑。

【生活习性】 栖息于山溪、小河及与小河相通的洞穴出口处。刮取附着于岩石上的固着藻类为食。

【种群状况】 在分布地有一定数量。

【地理分布】 分布于珠江流域红水河上游支流。

197. 长沟泉水鱼 *Pseudogyrinocheilus longisulcus* Zheng, Chen & Yang, 2010

【分类地位】 鲤形目 Cypriniformes 鲤科 Cyprinidae 泉水鱼属 *Pseudogyrinocheilus*。

【鉴别特征】 体前部近圆筒形，后部侧扁。头高大于头宽。吻圆钝，向前突出；吻皮下包，在上颌之前形成口前室，在口角处与下唇相连；吻皮表面有排列整齐的小乳突。下唇发达，后缘游离；唇后沟向前延长，达到下唇中间叶后部。须 2 对，吻须长约与眼径相等。鳞中等大，胸鳍之前的胸、腹部鳞片隐于皮下。侧线鳞 40~42 枚。体淡黄色，腹部略白。体侧沿侧线具 1 条黑色条纹；鳃盖具 1 块黑色斑块。

【生活习性】 生活于溪流、洞穴及出口处。常刮取附着于岩石上的固着藻类为食。

【种群状况】 在分布地有一定数量。

【地理分布】 分布于珠江流域的左江支流源头地区。

198. 狭吻鱼 *Stenorynchoacrum xijiangensis* Huang, Yang & Chen, 2014

【分类地位】 鲤形目 Cypriniformes 鲤科 Cyprinidae 狭吻鱼属 *Stenorynchoacrum*。

【鉴别特征】 体侧扁。口下位。吻皮盖住上颌，中部不发达，两端扩大往外翻，与下唇在口角处相连。唇后沟较长，向前延伸使下唇两端游离。唇后沟末端有不明显的颏沟往后延伸，下唇中部隆起，隆起最高点在唇后沟末端，往后形成 1 个圆形吸盘。须 2 对。背鳍末根不分枝鳍条光滑柔软，起点位于腹鳍起点的垂直上方。体背部与体侧青灰色，腹部颜色较淡；各鳍透明。

【生活习性】 生活于洞穴及出口处的龙潭。刮取附着于岩石上的固着藻类为食。

【种群状况】 在分布地数量多。

【地理分布】 仅分布于广西桂林大埠乡境内。

199. 卷口鱼 *Ptychidio jordani* Myers, 1930

【分类地位】 鲤形目 Cypriniformes 鲤科 Cyprinidae 卷口鱼属 *Ptychidio*。

【鉴别特征】 体长形，前部略呈圆筒形。头小。吻圆钝。吻皮向腹面扩展而盖住上颌，边缘分裂成10~12条具侧枝的流苏。口下位，上唇消失。下颌与下唇分离，下颌边缘具角质；下唇腹面具短须状小乳突。唇后沟仅限于口角。须2对，口角须后伸不达眼后缘。侧线完全，平直。背鳍无硬刺，外缘深凹。尾鳍叉形。体棕黑色，各鳍鳍条均带黑色。

【生活习性】 栖息于有岩石的河段及地下河，以螺、蚬为主要饵料。

【种群状况】 重要的经济鱼类之一。

【地理分布】 广泛分布于西江各河流。

200. 长须卷口鱼 *Ptychidio longibarbus* Chen & Chen, 1989

【分类地位】 鲤形目 Cypriniformes 鲤科 Cyprinidae 卷口鱼属 *Ptychidio*。

【鉴别特征】 体长形，前部略呈圆筒形。头小。吻圆钝。吻皮向腹面扩展而盖住上颌，边缘分裂呈灌丛状流苏。口下位，上唇消失。下颌与下唇分离，下颌边缘具角质；下唇光滑。唇后沟仅限于口角。须2对，口角须后伸达眼后缘。侧线完全，平直。背鳍无硬刺，外缘深凹；尾鳍叉形。体浅棕色，各鳍灰色。

【生活习性】 生活于地下河及多岩石、砾石河段。

【种群状况】 常见经济鱼类，数量多。

【地理分布】 分布于珠江流域的红水河。

201. 巴门褶吻鲮 *Cophecheilus bamen* Zhu, Zhang, Zhang & Han, 2011

【分类地位】 鲤形目 Cypriniformes 鲤科 Cyprinidae 褶吻鲮属 *Cophecheilus*。

【鉴别特征】 体延长。头小。吻皮发达，向腹面扩展呈弓形盖住上颌，吻皮边缘具细乳突，在口角处与下唇相连。上唇退化呈 1 片薄片紧贴上颌，在口角处以系带的形式与下唇相连。下唇由口角斜向前伸的左、右不相连的唇后沟分为中间叶和左、右两叶，下唇中间叶前缘散布乳突；左、右唇后沟最短的距离约为口宽的 1/3。下颌与下唇以 1 条深沟相隔，下颌具角质前缘。须 2 对，发达，口角须后伸超过主鳃骨前缘。

【生活习性】 栖息于洞穴、小龙潭及与其相通的小河。

【种群状况】 在分布地数量多，是当地有名的“油鱼”。

【地理分布】 分布于珠江流域左江支流上游靖西市、那坡县境内。

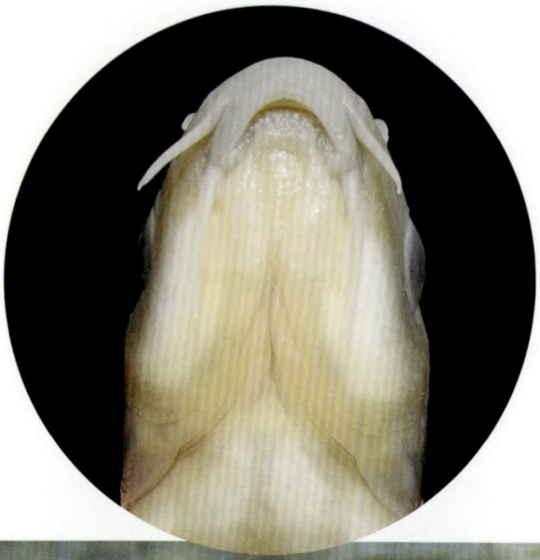

202. 短须褶吻鲮 *Cophecheilus brevibarbatus* He, Huang, He & Yang, 2015

【分类地位】 鲤形目 Cypriniformes 鲤科 Cyprinidae 褶吻鲮属 *Cophecheilus*。

【鉴别特征】 体延长。吻皮发达，向腹面扩展呈弓形，吻皮边缘具细乳突，在口角处与下唇相连。上唇退化呈一薄片紧贴上颌，在口角处以系带的形式与下唇相连。下唇由口角斜向前伸的左右不相连的唇后沟分为中间叶和左右两叶，下唇中间叶前缘散布乳突；中间叶的宽度大于口宽的 1/2。下颌与下唇以一深沟相隔。上、下颌外露，具角质前缘。须 2 对，短，吻须不达眼前缘；口角须不达主鳃骨前缘。下咽齿 3 行，齿式为 1–3, 4, 5–5, 4, 1–3。

【生活习性】 栖息于洞穴及相通的龙潭。

【种群状况】 数量少。

【地理分布】 分布于广西田东县境内一龙潭中。

203. 小口红水鲮 *Hongshuia microstomatus* (Wang & Chen, 1989)

【分类地位】 鲤形目 Cypriniformes 鲤科 Cyprinidae 红水鲮属 *Hongshuia*。

【鉴别特征】 体长，稍侧扁。吻侧有浅沟自吻须基部延伸至口角。吻皮向腹面扩展，盖于上颌，终止于口角处，不与下唇相连。吻皮边缘不明显开裂，散满细小肉质乳突。上唇消失。下唇中央为 1 个近圆形的肉质垫，垫周围隆起；下唇两侧较中部小，明显突起。口下位。上、下颌具角质前缘。上颌有发达的系带与下唇相连。下颌与下唇有浅沟相隔。须 2 对。鳞片中等大，侧线完全，侧线鳞 39~40 枚。背鳍无硬刺；尾鳍深叉形。背部灰黑色，腹部灰白色，沿侧线有 1 条不明显的纵行黑色条纹。背鳍间膜有黑条纹。

【生活习性】 栖息于洞穴出口处其附近的溪流，以岩石上的固着藻类为食。

【种群状况】 种群数量多。

【地理分布】 分布于珠江流域的贵州省荔波县、广西南丹县境内喀斯特地貌洞穴出口及其溪流中。

204. 大眼红水鲮 *Hongshuia megalophthalmus* (Chen, Yang & Cui, 2006)

【分类地位】 鲤形目 Cypriniformes 鲤科 Cyprinidae 红水鲮属 *Hongshuia*。

【鉴别特征】 体长，稍侧扁。眼大，头长为眼径的 2.1~3.1 倍。吻侧有浅沟自吻须基部延伸至口角。吻皮向腹面扩展，盖住上颌，终止于口角处，不与下唇相连。吻皮边缘不明显开裂，散满细小肉质乳突。上唇消失。下唇中央为 1 个近圆形的肉质垫，垫周围隆起；下唇两侧较中部小，明显突起。口下位。上、下颌具角质前缘。上颌有发达的系带与下唇相连。下颌与下唇有浅沟相隔。须 2 对。鳞片中等大，背鳍前鳞 15~16 枚。背鳍无硬刺，背鳍分枝鳍条 7 根；腹鳍分枝鳍条 7 根；尾鳍深叉形。背部灰黑色，腹部灰白色，沿侧线有 1 条不明显的纵行黑色条纹。尾鳍基部具 1 块不明显的小黑斑。

【生活习性】 栖息于洞穴出口处及邻近的溪流。刮取附着于岩石上的固着藻类为食。

【种群状况】 在分布地有一定种群数量。

【地理分布】 分布于广西天峨县境内喀斯特地区洞穴出口及其溪流中。

205. 袍里红水鲮 ***Hongshuia paoli* Zhang, Qiang & Lan, 2008**

【分类地位】 鲤形目 Cypriniformes 鲤科 Cyprinidae 红水鲮属 *Hongshuia*。

【鉴别特征】 体长，稍侧扁。眼大，头长为眼径的 2.1~3.1 倍。吻长，超过头长的 1/2。吻侧有浅沟自吻须基部延伸至口角。吻皮向腹面扩展，盖住上颌，终止于口角处，不与下唇相连。吻皮边缘散满细小肉质乳突。上唇消失。下唇中央为 1 个近圆形的肉质垫，垫周围隆起，表面具乳突；下唇两侧较中部小，明显突起。口下位。上、下颌具角质前缘。上颌有发达的系带与下唇相连。下颌与下唇有浅沟相隔。须 2 对。鳞片中等大。背鳍长，无硬刺，背鳍长约为体长的 1/4；背鳍起点近吻端。尾鳍叉形。背部灰黑色，腹部灰白色，沿侧线有 1 条不明显的纵行黑色条纹。背鳍间膜有黑条纹。

【生活习性】 刮取附着于岩石上的固着藻类为食。栖息于洞穴出口处的小龙潭。

【种群状况】 在分布地数量较多。

【地理分布】 分布于广西凤山县、凌云县境内喀斯特地貌洞穴出口。

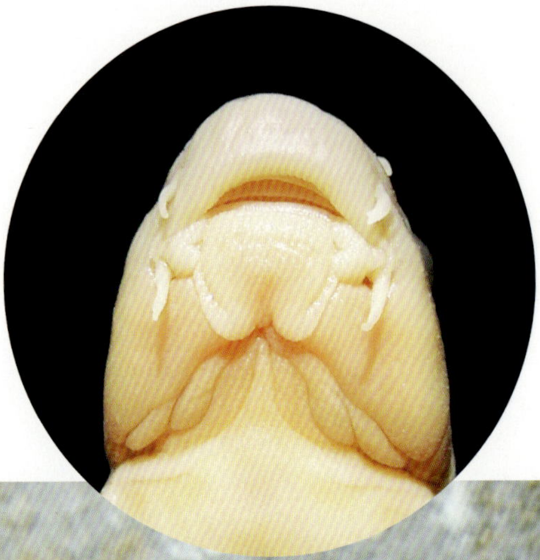

206. 那坡华墨头鱼 *Sinigarra napoense* Zhang & Zhou, 2012

【分类地位】 鲤形目 Cypriniformes 鲤科 Cyprinidae 华墨头鱼属 *Sinigarra*。

【鉴别特征】 体粗短，前部呈圆筒形，尾部侧扁。鼻孔前方略下陷，吻部具珠星。吻皮同腹面扩展，覆盖于上颌外表，在口角处与下唇相连。口下位，新月形。上、下颌具角质前缘。上唇与上颌分离。下唇后缘具 1 个小缺刻，下唇有发达的吸盘，中央为肉质垫，后缘不完全游离。尾鳍叉形。体背淡黄色，体侧眼后部至尾鳍基部具 1 条浅绿色纵纹。尾鳍基部具 1 块黑斑。

【生活习性】 喜欢栖息于水流湍急的山溪，刮取岩石上固着藻类为食。

【种群状况】 种群数量较少。

【地理分布】 分布于广西那波县山溪中。

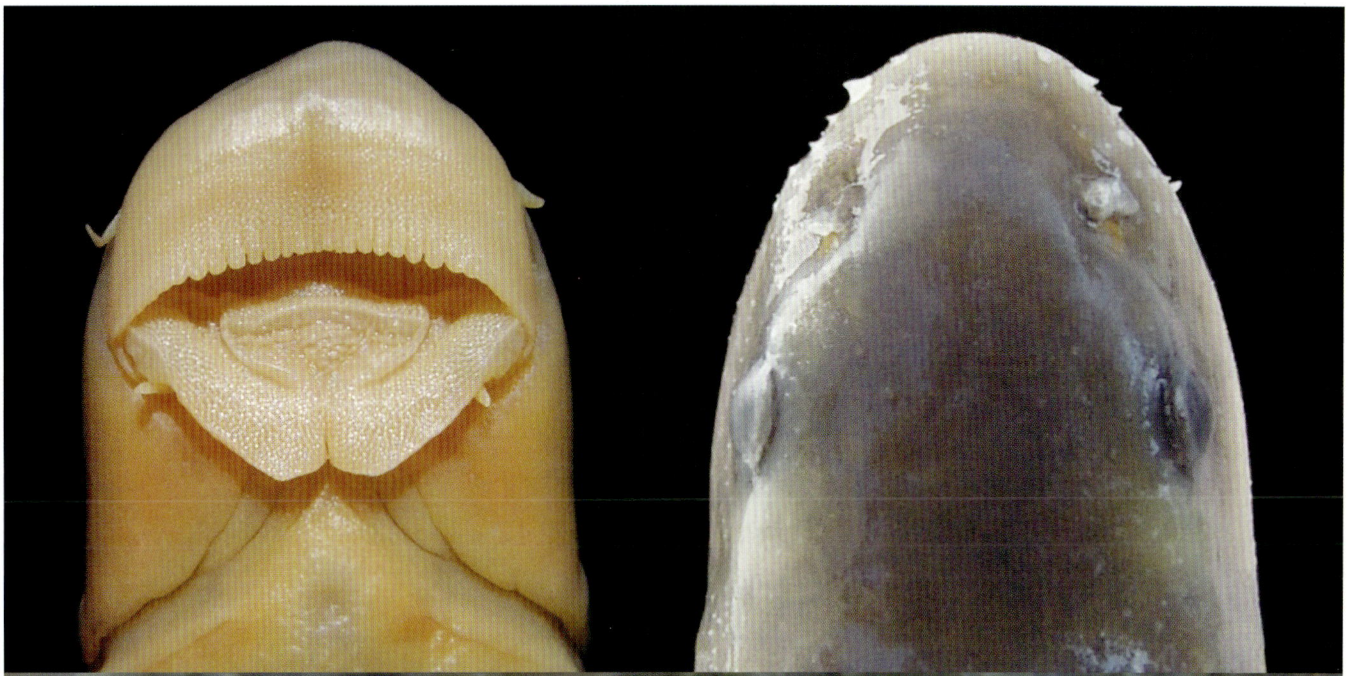

207. 缺刻墨头鱼 *Garra incisorbis* Zheng, Yang & Chen, 2016

【分类地位】 鲤形目 Cypriniformes 鲤科 Cyprinidae 墨头鱼属 *Garra*。

【鉴别特征】 体延长，前部呈圆筒形，尾柄部侧扁。吻略圆钝，前端具角质珠星。吻皮向腹面扩展而盖住上颌，边缘分裂呈流苏状。口大，下位。下唇具吸盘，吸盘后缘中央有 1 个缺刻；吸盘中央肉质垫前缘呈扇形，肉质垫两侧具 2~4 枚小肉芽；肉质垫边缘具致密的乳头突起。成鱼 2 对须。背鳍起点至吻端的距离大于其基部末端至尾鳍基的距离；尾鳍深分叉；围尾柄鳞 14 枚。体褐色。体侧沿侧线有 1 条浅黑色条纹；尾鳍基具有黑色斑点；体侧及背部鳞片表面具黑色色素点。

【生活习性】 在水流湍急的山溪中生活，以固着藻类为食。

【种群状况】 在分布地有一定种群数量。

【地理分布】 分布于广西那坡县三叉河，属左江水系。

208. 东方墨头鱼 *Garra orientalis* Nichols, 1925

【分类地位】 鲤形目 Cypriniformes 鲤科 Cyprinidae 墨头鱼属 *Garra*。

【鉴别特征】 体粗短，前部呈圆筒形，尾部侧扁。鼻孔前方有 1 条深陷沟，将吻分成上、下两部分，上部具粗大珠星，下部前端为吻突，略向上翘。吻皮同腹面扩展，覆盖于上颌外表，边缘分裂呈流苏状，在口角处与下唇相连。口下位，新月形。上、下颌具角质前缘。上唇消失。下唇有发达的吸盘，中央为肉质垫，后缘游离。须 2 对。背鳍起点至吻端较至尾鳍基的距离近或相等；尾鳍叉形。体背墨绿色。体侧各鳞具黑斑，形成 6 条纵纹。

【生活习性】 栖息于急流的河滩，有岩石、砾石、砂底河段。刮取附着于岩石上的固着藻类为食。

【种群状况】 常见经济鱼类，数量多。

【地理分布】 我国南方地区广泛广布。

209. 墨头鱼 *Garra imberba* (Garman, 1912)

【分类地位】 鲤形目 Cypriniformes 鲤科 Cyprinidae 墨头鱼属 *Garra*。

【鉴别特征】 体延长，前部呈圆筒形，尾柄部侧扁。吻圆钝，前端具角质珠星。吻皮向腹面扩展而盖住上颌，边缘分裂呈流苏状。口大，下位，下唇吸盘宽大。成鱼无须。背鳍起点至吻端的距离等于或大于其基部末端至尾鳍基的距离；尾鳍深分叉。体青黑色，腹部乳白色。体侧每1枚鳞片基部具黑点，常连成黑褐色不连续的纵条纹。

【生活习性】 刮取附着于岩石上的固着藻类为食。栖息于山区溪流，水流湍急处。

【种群状况】 在云南、海南数量多，广西很少见到。

【地理分布】 中国南方各水系均有分布。

210. 云南盘𬶋 *Discogobio yunnanensis* (Regan, 1907)

【分类地位】 鲤形目 Cypriniformes 鲤科 Cyprinidae 盘𬶋属 *Discogobio*。

【鉴别特征】 体前部呈圆筒形。吻部圆钝，常具细小颗粒状珠星。口下位。吻皮下包，盖住上颌。吻皮与上颌分离，上唇消失。下颌与下唇分离，下唇宽阔，有吸盘，吸盘中央为1个小而光滑的肉质垫，垫前面及两侧有隆起的皮褶，呈马蹄形，后缘游离。须2对。腹面近胸部鳞片小，埋于皮下，胸鳍基部前裸露。背鳍无硬刺；尾鳍叉形。体背部及侧面棕黑色，腹部灰白色。尾鳍上、下侧各具1条黑色条纹。

【生活习性】 生活于山区溪流中，以固着藻类为食。

【种群状况】 数量多。

【地理分布】 分布于西江流域。

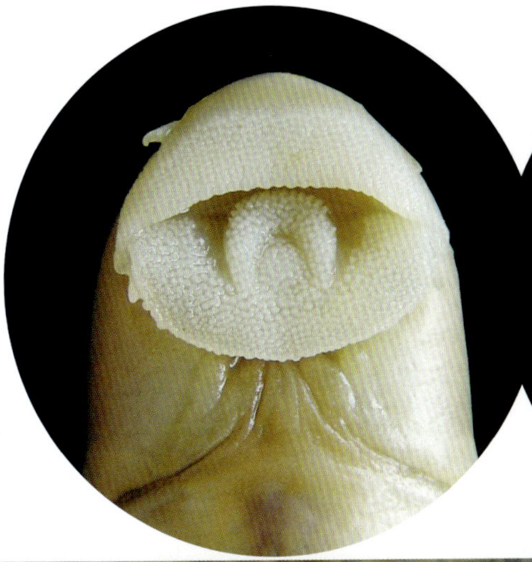

211. 宽头盘鮈 *Discogobio laticeps* Chu, Cui & Zhou, 1993

【分类地位】 鲤形目 Cypriniformes 鲤科 Cyprinidae 盘鮈属 *Discogobio*。

【鉴别特征】 体长，前部呈圆筒形。头宽大于头高。吻部圆，无吻突，吻端近背面具 1 对大珠星，周围布满小珠星。吻皮下包，盖住上颌，边缘纵裂。口下位，呈弧形。吻皮与上颌分离，上唇消失。下颌与下唇分离。下唇宽阔，形成大吸盘，后缘游离。须 2 对，均短小。背鳍无硬刺；尾鳍叉形。体墨绿色，腹部略浅。尾鳍上、下缘为黑色。

【生活习性】 栖息于水流湍急的溪流。

【种群状况】 有一定种群数量。

【地理分布】 分布于广西巴马瑶族自治县、田林县、隆林县境内河流中，均属珠江流域的红水河支流。

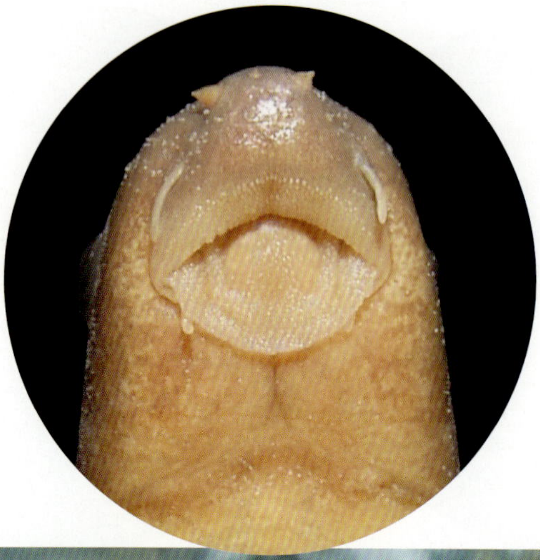

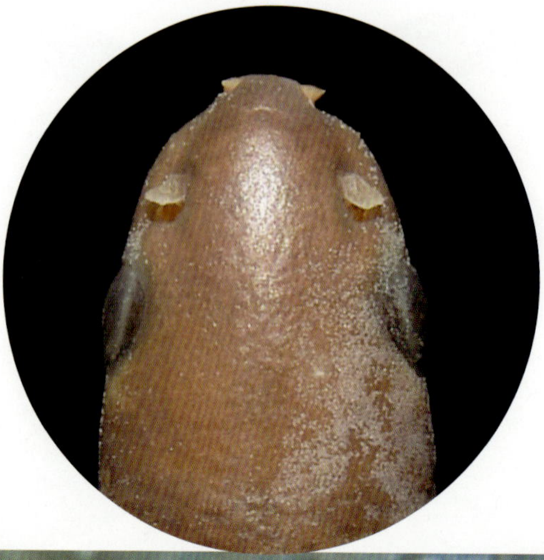

212. 多线盘鮈 *Discogobio multilineatus* Cui, Zhou & Lan, 1993

【分类地位】 鲤形目 Cypriniformes 鲤科 Cyprinidae 盘鮈属 *Discogobio*。

【鉴别特征】 体长，前部呈圆筒形。吻端两侧各具 1 对大型珠星。口下位。吻皮下包，盖住上颌，边缘纵裂，并有小乳突。吻皮与上颌分离，上唇消失。下颌与下唇分离，有吸盘，吸盘中央为 1 个小而光滑的肉质垫，具隆起的皮褶，呈马蹄形。须 2 对。背鳍无硬刺；尾鳍叉形。体灰黑色，背部色深暗，体侧自头后至尾鳍基部有 5~6 条黑色纵纹。尾鳍上、下缘黑色。

【生活习性】 栖息于多砾石、砂底河段。刮取附着于岩石上的固着藻类为食。

【种群状况】 种群数量少。

【地理分布】 分布于珠江流域红水河支流的盘阳河中。

213. 四须盘鮈 *Discogobio tetrabarbatus* Lin, 1931

【分类地位】 鲤形目 Cypriniformes 鲤科 Cyprinidae 盘鮈属 *Discogobio*。

【鉴别特征】 体长，前部呈圆筒形。具吻突，吻端两侧着生 1 对显著的大珠星，其后常布有小珠星。口小，下位。吻皮下包，盖住上颌，边缘纵裂，具小乳突。吻皮与上颌分离，上唇消失。下颌与下唇分离。下唇具吸盘，中央为肉质垫，周缘及两侧有隆起的皮褶，呈马蹄形。须 2 对。背鳍无硬刺，起点位于腹鳍起点的前上方；尾鳍叉形。体灰黑色，腹部乳白色。尾鳍上、下侧各具 1 条黑色条纹。

【生活习性】 喜欢在急流河滩活动、觅食，刮取附着于岩石上的固着藻类为食。

【种群状况】 常见的小型经济鱼类，数量多。

【地理分布】 珠江流域广泛分布。

214. 伍氏盘口鲮 *Discocheilus wui* (Chen & Lan, 1992)

【分类地位】 鲤形目 Cypriniformes 鲤科 Cyprinidae 盘口鲮属 *Discocheilus*。

【鉴别特征】 体小，前部呈圆筒状，后部侧扁。吻圆钝。吻端有颗粒状珠星。吻皮向腹面扩展盖住上颌外面，外缘散布细小乳突，边缘不分裂。口下位。上唇消失。吻皮与上颌分离。下唇有1个椭圆形的吸盘，中央为1个肉质垫。须2对。鳞中等大，前胸部鳞片隐埋于皮下。侧线完全，平直。背鳍无硬刺；尾鳍分叉浅。体棕黄色，沿侧线具有1条黑色宽条纹。尾鳍上、下叶边缘各具1条黑色细条纹。

【生活习性】 在山区溪流，水流湍急处生活。

【种群状况】 种群数量多。

【地理分布】 分布于广西天峨县、乐业县、隆林县的山溪中，属珠江红水河水系。

215. 短须裂腹鱼 *Schizothorax wangchiachii* (Fang, 1936)

【分类地位】 鲤形目 Cypriniformes 鲤科 Cyprinidae 裂腹鱼属 *Schizothorax*。

【鉴别特征】 体延长，稍侧扁。吻钝。口下位，横裂。下颌具锐利角质前缘。下唇不分叶，表面具乳突，下唇游离缘中央内凹，呈弧形。须2对，须长小于眼径。体被细鳞，自峡部之后的胸、腹部具细鳞。侧线完整，侧线上鳞19~27枚，侧线下鳞16~21枚。第1鳃弓外侧鳃耙18~24枚，内侧23~30枚。背鳍末根不分枝鳍条后缘下部具强锯齿；腹鳍起点与背鳍末根基部相对；尾鳍叉形，上、下叶末端钝。体青灰色，侧线以上体侧具不规则黑褐色斑点。各鳍浅黄色。

【生活习性】 适宜水温低的冷水中生活。

【种群状况】 经济鱼类，数量多，已有人工养殖。

【地理分布】 分布于金沙江水系上游及其支流。

216. 乌原鲤 ***Procypris merus*** **Lin, 1933**

【分类地位】 鲤形目 Cypriniformes 鲤科 Cyprinidae 原鲤属 *Procypris*。

【鉴别特征】 体长，侧扁，略显菱形，背部隆起。头近圆锥形，鼻孔处稍凹，吻钝。口亚下位。唇发达。须 2 对，发达。眼大，侧上位。鳞中等大，侧线鳞 42~45 枚。背鳍外缘深凹，末根不分枝鳍条为硬刺，后缘具锯齿；腹鳍末端伸达肛门；尾鳍深分叉。头及体背侧暗黑色，腹部银白色，体侧每枚鳞片基部具 1 个小黑点，形成数条纵条纹；各鳍深黑色。

【生活习性】 生活于多岩石及有洞穴的河段，人工驯养能吃颗粒饲料，生长较慢。每年 3 月性成熟繁殖，产沉性卵。

【种群状况】 濒危物种，已列入中国濒危动物红皮书。

【地理分布】 分布于珠江流域红水河、桂江、柳江、左江、右江等支流。

217. 三角鲤 *Cyprinus multitaeniata* Pellegrin & Chevey, 1936

【分类地位】 鲤形目 Cypriniformes 鲤科 Cyprinidae 鲤属 *Cyprinus*。

【鉴别特征】 体侧扁，头后背部显著隆起。尾柄高稍大于尾柄长。头短。口亚下位。唇较厚。须 2 对。眼大。鳞较大。侧线鳞 36 枚。背鳍与臀鳍均具硬刺，背鳍外缘稍凹；胸鳍末端可伸达腹鳍起点；腹鳍末端可伸达肛门；尾鳍深分叉。体背侧暗灰色，腹部银白色。鳍呈浅灰色。

【生活习性】 喜欢栖息于地下河中，以底栖动物、螺、蚬为主要饵料，初春天气回暖即产卵，人工繁殖已成功，池塘养殖生长慢。

【种群状况】 重要的名贵经济鱼类。

【地理分布】 广泛分布于珠江流域。

218. 龙州鲤 *Cyprinus longzhouensis* Yang & Hwang, 1977

【分类地位】 鲤形目 Cypriniformes 鲤科 Cyprinidae 鲤属 *Cyprinus*。

【鉴别特征】 体高，侧扁。腹部较平直，全体略呈三角形。头小，头长小于体高。吻短、钝。口亚下位。唇厚，表面有小乳突。须2对，口角须长于吻须。眼大，侧上位。鳞大，侧线向后伸达尾柄正中。背鳍与臀鳍均具硬刺，背鳍外缘凹入，起点与腹鳍起点相对；胸鳍末端可伸达腹鳍基部；腹鳍末端可伸达肛门；尾鳍深分叉。体背部浅灰色，腹部略白；各鳍呈浅黑色。

【生活习性】 生活于岩石、多有洞穴与河流相通的河段，底栖肉食性鱼类。

【种群状况】 种群数量少。

【地理分布】 分布于珠江流域西江上游。

219. 鲤 *Cyprinus carpio* Linnaeus, 1758

【分类地位】 鲤形目 Cypriniformes 鲤科 Cyprinidae 鲤属 *Cyprinus*。

【鉴别特征】 体长而侧扁，头后背部隆起。吻短而钝。口亚下位。唇较厚，光滑。须 2 对，发达。鳞较大。侧线略弯，向后平直伸达尾柄正中。背鳍长，末根不分枝鳍条为后缘带锯齿的粗壮硬刺；臀鳍短，末根不分枝鳍条为后缘带锯齿的硬刺；尾鳍叉形。体背部灰黑色，侧线下方略黄，腹部灰白色；背鳍、臀基部鳍呈浅黑色。

【生活习性】 适应性强，杂食，易繁殖，是池塘、网箱养殖最普遍的种类，人工养殖生长快产量高。

【种群状况】 重要经济鱼类。

【地理分布】 我国南方各地都有分布，为重要的经济鱼类。

220. 大头鲤 *Cyprinus pellegrini* Tchang, 1933

【分类地位】 鲤形目 Cypriniformes 鲤科 Cyprinidae 鲤属 *Cyprinus*。

【鉴别特征】 体延长，侧扁。吻端圆钝。口端位。无须，或仅有微细的口角须 1 对。背鳍和臀鳍末根不分枝鳍条后缘有带细齿的硬刺。背鳍起点与腹鳍起点相对，背鳍外缘内凹；臀鳍起点与背鳍第 2 至第 5 根分枝鳍条相对；尾鳍叉形。鳞片大，侧线完全。第 1 鳃弓外侧鳃耙 45~53 枚。体青灰色，腹部银白色。胸鳍、腹鳍和臀鳍淡黄色。

【生活习性】 食性杂，易繁殖，可人工养殖、繁殖。

【种群状况】 分布地经济鱼类之一。

【地理分布】 分布于云南杞麓湖和星云湖。

221. 须鲫 *Carassioides cantonensis* (Heincke, 1892)

【分类地位】 鲤形目 Cypriniformes 鲤科 Cyprinidae 须鲫属 *Carassioides*。

【鉴别特征】 体高而侧扁，略呈菱形。头小。吻钝圆而短。口端位。须 2 对，短小。眼大，侧上位，眼后缘至吻端的距离大于眼后头长。眼间宽而平。鳞大，侧线平直。下咽齿 2 行，2·4—4·2。背鳍外缘凹。背鳍、臀鳍末根不分枝鳍条均为后缘带锯齿的硬刺；胸鳍末端可伸达腹鳍起点；尾鳍分叉。体背侧及头部呈灰色，腹部银白色，鳍浅灰色。

【生活习性】 杂食性，喜欢宽阔水域的河流、水库等水域。

【种群状况】 常见的经济鱼类。

【地理分布】 分布于珠江流域的柳江、桂江支流及单独入海的南流江、钦州各小河流中。

222. 鲫 *Carassius auratus* (Linnaeus, 1758)

【分类地位】 鲤形目 Cypriniformes 鲤科 Cyprinidae 鲫属 *Carassius*。

【鉴别特征】 体高，稍侧扁。头小。口小，端位。无须。鳞较大，侧线平直。背鳍外缘平直或微凹，末根不分枝鳍条为后缘具锯齿的硬刺；臀鳍末根不分枝鳍条为后缘具锯齿的粗壮硬刺；尾鳍浅分叉。下咽齿 1 行。体背部灰黑色，体侧银灰色或带黄绿色。

【生活习性】 杂食性，适应性强，每年初春，天气回暖即产卵，繁殖快，易养殖，是南方养殖主要鱼类。

【种群状况】 重要的经济鱼类。

【地理分布】 我国南方各水系均有分布。

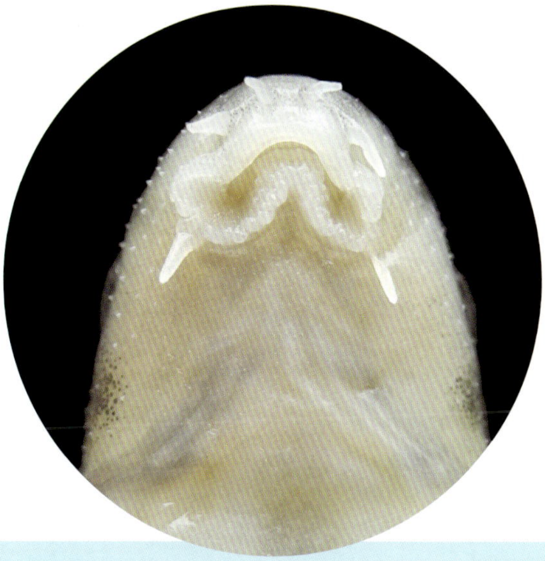

雌性

雄性

223. 保亭近腹吸鳅 *Plesiomyzon baotingensis* Zheng & Chen, 1980

【分类地位】 鲤形目 Cypriniformes 腹吸鳅科 Gastromyzontidae 近腹吸鳅属 *Plesiomyzon*。

【鉴别特征】 体长，略侧扁。吻圆钝，吻长大于眼后头长。口小，下位，呈马蹄形。唇发达，上唇前缘中部无乳突；下唇中央内凹，表面具细小乳突，唇后沟连续。唇与吻端之间无吻沟和吻褶。上唇前缘有 2 对吻须，外侧 1 对稍长；口角须 1 对。鳞细小，侧线完全，侧线鳞 66~73 枚。雄性个体体灰白色，背部具不规则黑斑；吻端至眼，向后体侧沿体线具 1 条黑色条纹；尾鳍基部具 1 个小黑点；背鳍和尾鳍具不规则小黑斑。雌性个体体浅黄色，体侧和背部略灰；各鳍透明无色。

【生活习性】 栖息于山区水温较低的溪流。

【种群状况】 在分布地个体数量多。

【地理分布】 分布于海南省各水系。

224. 拟平鳅 *Liniparhomaloptera disparis* (Lin, 1934)

【分类地位】 鲤形目 Cypriniformes 腹吸鳅科 Gastromyzontidae 拟平鳅属 *Liniparhomaloptera*。

【鉴别特征】 体延长，前段圆筒形，后段稍侧扁。头部平扁。口下位。下唇具 4 对分叶状乳突，上、下唇在口角处相连。下颌外露。上唇与吻皮间具吻沟。吻褶分 3 叶，中叶较大呈三角形，两侧叶端尖而略呈须状。吻褶叶间具吻须 2 对。下唇不分叶，边缘具小乳突。口角须 1 对。鳃裂较宽，下缘延伸到头部腹面。体被细鳞，侧线完全。背鳍起点在腹鳍起点稍前；腹鳍左右分开，具 1 根不分枝鳍条，13~15 根分枝鳍条；尾鳍呈凹形。头背面具黑色小斑点，体背和体侧密布不规则的黑色斑纹，沿体侧中部有 1 条黑色纵带。尾鳍基部中央具 1 条黑斑纹。各鳍均有由黑色斑点组成的条纹。

【生活习性】 栖息于急流环境，以岩石上的固着藻类为食。

【种群状况】 在山区的溪流数量多。

【地理分布】 广泛分布于珠江流域各河流、山溪。

225. 琼中拟平鳅 *Liniparhomaloptera qiongzhongensis* Zheng & Chen, 1980

【分类地位】 鲤形目 Cypriniformes 腹吸鳅科 Gastromyzontidae 拟平鳅属 *Liniparhomaloptera*。

【鉴别特征】 体延长，前段圆筒形，后段稍侧扁。头部平扁。口下位。上、下唇在口角处相连。上唇与吻皮间具吻沟。吻褶分 3 叶，中间叶呈三角形，两侧叶端尖而呈须状。吻褶叶间具吻须 2 对。下唇不分叶，边缘具小乳突。口角须 1 对。鳃裂较宽，下缘延伸到头部腹面。体被细鳞，侧线完全。背鳍起点在腹鳍起点稍前方。腹鳍左右分开，具 1 根不分枝鳍条，13~15 根分枝鳍条。尾鳍稍凹。头背面具细密的虫蚀状黑斑纹，体背部约有 10 个马鞍形的大块黑斑纹。各鳍均有由黑色斑点组成的条纹。

【生活习性】 喜欢水流急、水体溶氧量高的山区溪流。

【种群状况】 数量多。

【地理分布】 广泛分布于海南省各水系。

226. 钝吻拟平鳅 *Liniparhomaloptera obtusirostris* Zheng & Chen, 1980

【分类地位】 鲤形目 Cypriniformes 腹吸鳅科 Gastromyzontidae 拟平鳅属 *Liniparhomaloptera*。

【鉴别特征】 体延长，前段圆筒形。头部平扁。吻圆钝。口下位，口宽约为头宽的 1/3。下唇具 4 对分叶状乳突，上、下唇在口角处相连。下颌外露。上唇与吻皮间具吻沟。吻褶分 3 叶，中叶较大呈三角形。吻褶叶间具吻须 2 对。下唇不分叶，边缘具小乳突。口角须 1 对。鳃裂较宽，下缘延伸到头部腹面。体被细鳞，侧线完全。背鳍起点在腹鳍起点稍前方；腹鳍左右分开，具 1 根不分枝鳍条，18~19 根分枝鳍条；尾鳍凹形。头背面和体侧具细密的虫蚀状黑斑纹。各鳍均有由黑色斑点组成的条纹。

【生活习性】 栖息于山区的小河流，在河滩多岩石、砾石、砂底河段，以岩石上的固着藻类为食。

【种群状况】 在分布地有一定种群量。

【地理分布】 分布于广东信宜市，广西容县、北流市境内的西江支流北流江上游。

227. 大口拟平鳅 *Liniparhomaloptera macrostoma* Wu, Xiu & Yang, 2016

【分类地位】 鲤形目 Cypriniformes 腹吸鳅科 Gastromyzontidae 拟平鳅属 *Liniparhomaloptera*。

【鉴别特征】 体延长，前段圆筒形，后段稍侧扁。头部平扁。口下位，口裂宽，口宽约为头宽的 31–35%。上下唇在口角处相连。上唇与吻皮间具吻沟。吻褶分 3 叶，中间叶最宽，呈三角形。吻褶叶间具吻须 2 对。下唇分两叶。口角须 1 对。鳃裂较宽，下缘延伸到头部腹面。体被细鳞，侧线完全，侧线鳞 82–100。背鳍起点在腹鳍起点的稍前，背鳍分枝鳍条 8。腹鳍左右分开，1 根不分枝鳍条，14 根分枝鳍条。尾鳍略凹。头背面具虫蚀状黑斑纹，体背部具 7–8 个大块黑纹。沿侧线具一条不规则的黑色波浪状条纹。各鳍均有由黑色斑点组成的条纹。

【生活习性】 多栖息于急流河滩处，刮吃固着于石头上的藻类为食。

【种群状况】 在分布地的小河、溪流数量较多。

【地理分布】 广泛分布于湖南省龙山县。

228. 厚唇瑶山鳅 *Yaoshania pachychilus* (Chen, 1980)

【分类地位】 鲤形目 Cypriniformes 腹吸鳅科 Gastromyzontidae 瑶山鳅属 *Yaoshania*。

【鉴别特征】 体细长，背缘较平直，腹面平坦。口下位。唇肥厚，上唇无明显乳突，下唇中部有 4 个分叶乳突，下唇在侧后部增大，并于近口角处形成发达的唇片，上、下唇在口角处相连。下颌外露。吻皮分为不甚显著的 3 叶，中叶稍大。吻皮叶间具吻须 2 对。口角须 1 对。鳃裂较窄。体被小鳞，侧线完全。背鳍起点在腹鳍之前；腹鳍左右分开，基部皮质瓣膜；尾鳍末端微凹。幼鱼体背侧有 4 条黑色、3 条白色相间的宽横条纹。成鱼体褐色，吻端两侧及眼眶下缘各有 1 块黑斑，沿侧线有 1 条纵行暗带纹，体侧有不规则的黑色斑块。背鳍和尾鳍有由黑色斑点组成的条纹。

【生活习性】 栖息于高山溪流，水体富溶氧，水清澈透明，水质好的环境，以岩石上的固着藻类为食。

【种群状况】 种群数量少。

【地理分布】 分布于广西金秀县境内大瑶山山溪中。为我国易危物种，已列入保护名录。

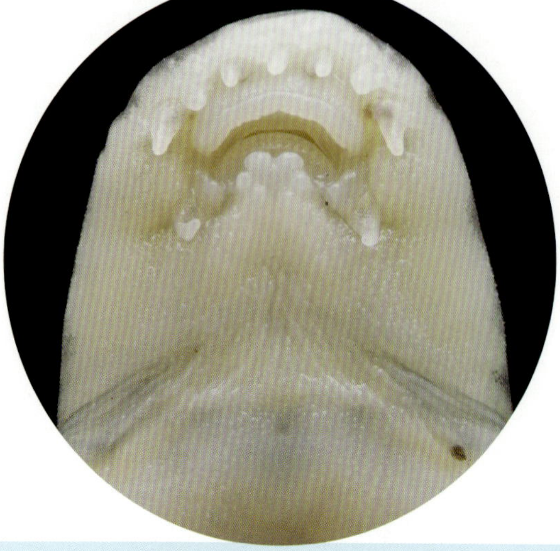

229. 海南原缨口鳅 *Vanmanenia hainanensis* Chen & Zheng, 1980

【分类地位】 鲤形目 Cypriniformes 腹吸鳅科 Gastromyzontidae 原缨口鳅属 *Vanmanenia*。

【鉴别特征】 体细长。口下位。下唇具 4 个分叶状的大乳突，上、下唇在口角处相连。下颌前缘稍外露。上唇与吻端之间具较宽而深的吻沟。吻沟前具吻褶，吻褶分 3 叶，叶端稍尖。吻褶叶间具吻须 2 对。口角须 2 对。鳃裂较宽，上起眼下缘之后方，沿胸鳍基部前方延伸到头部腹面。体被细鳞。侧线完全。背鳍起点在腹鳍起点的前方；胸鳍末端不达腹鳍起点；腹鳍起点约与背鳍的第 2 根分枝鳍条相对。尾柄高小于尾柄长。尾鳍凹形。体背黑褐色，腹面浅黄色。头背部具虫蚀状的黑斑纹，体侧被黑褐色虫蚀状宽大云斑。各鳍均具有由黑色斑点组成的条纹。

【生活习性】 喜欢急流的山溪环境。

【种群状况】 个体数量多。

【地理分布】 分布于海南省各水系。

230. 平舟原缨口鳅 *Vanmanenia pingchowensis* (Fang, 1935)

【分类地位】 鲤形目 Cypriniformes 腹吸鳅科 Gastromyzontidae 原缨口鳅属 *Vanmanenia*。

【鉴别特征】 体较细长，前段近圆筒形，后段稍侧扁。吻端圆钝。口下位，口裂较小，呈弧形。下唇前缘表面具 4 个分叶状乳突。上唇与吻端之间具吻沟。吻沟前具吻褶，吻褶分 3 叶。吻褶叶间具吻须 2 对。口角须 2 对。前、后鼻孔相近。眼中等大，侧上位。鳃裂较宽，下缘延伸到头部腹面。体被细鳞。侧线完全。背鳍起点在腹鳍起点之稍前方；胸鳍末端不达腹鳍；腹鳍起点与背鳍第 3~4 根分枝鳍条相对，左、右腹鳍分开，基部背侧具 1 片皮质瓣膜；尾鳍浅凹。体背浅褐色，腹面微黄色。头背部具褐色的虫蚀状斑纹，体背部具 7~9 个马鞍形的黑褐色斑块。各鳍均具有由黑色斑点组成的条纹。

【生活习性】 栖息于岩石、砾石、砂石的河滩，喜欢急流环境。

【种群状况】 种群数量多。

【地理分布】 南方各水系均有分布。

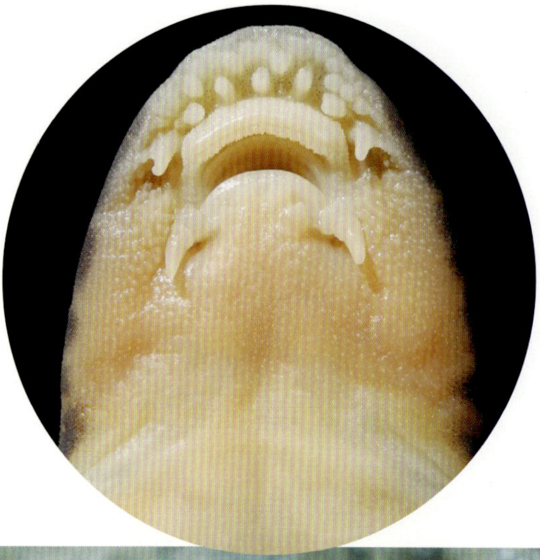

231. 线纹原缨口鳅 *Vanmanenia lineata* (Fang, 1935)

【分类地位】 鲤形目 Cypriniformes 腹吸鳅科 Gastromyzontidae 原缨口鳅属 *Vanmanenia*。

【鉴别特征】 体细长。口下位。下唇具4个分叶状的大乳突，上、下唇在口角处相连。下颌前缘稍外露。上唇与吻端之间具较宽而深的吻沟。吻沟前具吻褶，吻褶分3叶，叶端稍尖。吻褶叶间具吻须2对。口角须2对。鳃裂较宽，上起眼下缘之后方，沿胸鳍基部前方延伸到头部腹面。体被细鳞。侧线完全。背鳍起点在腹鳍起点的前方；胸鳍末端不达腹鳍起点；尾鳍凹形。体背黑褐色，腹面浅黄色。头背部具虫蚀状的黑斑纹，横跨自头后至尾鳍基部的体背中线有8~10个圆形大黑斑，沿侧线有1条黑色条纹。尾鳍基部有1个黑色斑点。各鳍均具由黑色斑点组成的条纹。

【生活习性】 常生活于山溪涧、河滩等水急流环境。刮取附着于岩石上的固着藻类为食。

【种群状况】 种群数量多。

【地理分布】 分布于珠江流域的右江、柳江、漓江和桂江等支流。

232. 平头原缨口鳅 *Vanmanenia homalocephala* Zhang & Zhao, 2000

【分类地位】 鲤形目 Cypriniformes 腹吸鳅科 Gastromyzontidae 原缨口鳅属 *Vanmanenia*。

【鉴别特征】 体长，前段圆筒形，后段稍侧扁。背缘浅弧形，腹面平坦。头前部平扁，吻圆钝。口下位，口裂小。上唇边缘具排列整齐的唇褶，下唇具 4 个分叶状的大乳突。上唇与吻端之间具吻沟。吻沟前具吻褶，吻褶特化为 3~4 个不规则的小叶。吻褶叶间具小吻须 2 对。口角须 2 对，内侧 1 对很小。前、后鼻孔相近。眼小，侧上位。鳃裂下角伸至胸鳍前方。体被细鳞。侧线完全。背鳍起点在腹鳍起点的前方；腹鳍左右分开，基部背侧具 1 片较发达的皮质瓣膜。尾鳍分叉。体背棕褐色。头部具不规则斑纹；横跨背中线有 6~7 个马鞍形宽横斑；体侧沿侧线上下有 1~2 条连续或不连续的棕褐色纵纹。背鳍、尾鳍和胸鳍具由棕褐色斑点组成的 2~3 条斑纹。

【生活习性】 栖息于河滩的急流环境，觅食岩石上的固着藻类。

【种群状况】 种群数量多。

【地理分布】 分布于广西境内的柳江水系。

233. 中华近原吸鳅 *Erromyzon sinensis* (Chen, 1980)

【分类地位】 鲤形目 Cypriniformes 腹吸鳅科 Gastromyzontidae 近原吸鳅属 *Erromyzon*。

【鉴别特征】 体细长。吻圆钝。口下位。上、下唇在口角处相连。上唇与吻皮间具吻沟。吻褶分为不甚显著的3叶，中叶稍大，叶端略尖。吻褶叶间具2对乳突状吻须。口角须1对。鳃裂下缘终止于胸鳍基部上方。体被小鳞。侧线完全。背鳍起点位于腹鳍起点之前。胸鳍短，不达腹鳍起点。腹鳍左右分开，末端不达肛门。尾鳍末端微凹，下叶稍长。体黑褐色，腹部略黄。头背部密布虫蚀状的黑斑纹和白色斑点。尾鳍基部有1个黑色斑点。体背侧具20条左右的垂直条纹。背鳍和尾鳍有4~5条由灰黑色斑点组成的条纹。

【生活习性】 栖息于山区溪流、河滩的急流环境。刮取附着于岩石上的固着藻类为食。

【种群状况】 种群数量多。

【地理分布】 广西境内广泛分布。

234. 方氏品唇鳅 *Pseudogastromyzon fangi* (Nichols, 1931)

【分类地位】 鲤形目 Cypriniformes 腹吸鳅科 Gastromyzontidae 拟腹吸鳅属 *Pseudogastromyzon*。

【鉴别特征】 体延长，背缘略隆起，腹部平坦。吻圆钝，吻背侧具刺状疣突。口下位，口裂较大，呈马蹄形。唇肉质，表面具细小乳突；下唇吸附器呈“品”字形。上唇与吻端之间具吻沟。吻褶分3叶，各叶边缘分裂出须状乳突。吻褶叶间具吻须2对。口角须1对。鳃裂小。体被细鳞。侧线完全。背鳍起点约与腹鳍起点相对；胸鳍起点在眼后缘的垂直下方，末端超过腹鳍起点；腹鳍左、右分开，基部背面具1片皮质瓣膜；尾鳍略凹或斜截，下叶稍长。体背棕色，腹面微黄色。头背及背鳍之前的体背侧具黑色小圆点。背鳍后的体侧具不规则暗色横纹11条左右，背鳍边缘黑色，胸鳍、腹鳍和尾鳍鳍膜具黑色斑点，尾鳍具由黑色斑点组成的条纹。

【生活习性】 栖息于砂石底的河滩、山区溪涧。刮取附着于岩石上的固着藻类为食。

【种群状况】 种群数量多。

【地理分布】 分布于珠江流域桂江和柳江上游山溪中。

235. 巴马似原吸鳅 *Paraprotomyzon bamaensis* Tang, 1997

【分类地位】 鲤形目 Cypriniformes 腹吸鳅科 Gastromyzontidae 似原吸鳅属 *Paraprotomyzon*。

【鉴别特征】 体前段平扁，后段稍侧扁，腹面平坦。吻端至头背部具细小密集的刺状疣突。口下位，口裂较小，呈马蹄形。上唇无明显乳突；下唇呈“八”字形，两侧近口角处扩大，后缘游离呈唇片，每侧表面具乳突 4~5 个。下颌前缘外露。上唇与吻皮间具吻沟；吻褶分为约等大的 3 叶，每叶呈三角形，无乳突。吻褶叶间具 2 对小吻须。口角须 2 对。体被细鳞。侧线完全。背鳍起点位于腹鳍起点之后上方；胸鳍起点在眼后缘的下方，末端超过腹鳍起点；腹鳍基部背侧具 1 片发达的皮质瓣膜，腹鳍左、右分开；尾鳍末端略内凹，下叶稍长。体淡黄色。头背部具密集的黑色小圆斑，横跨背鳍起点之前的背面有 3 块较大的近圆形黄色暗斑。体侧具不规则圆斑。背鳍和尾鳍具由灰色斑点组成的 2~3 条条纹。

【生活习性】 在急流河滩处，吸附在砾石、岩石上，刮取固着藻类为食。

【种群状况】 在分布地种群数量多。

【地理分布】 分布于珠江流域红水河的盘阳河支流。

236. 秉氏爬岩鳅 *Beaufortia pingi* (Fang, 1930)

【分类地位】 鲤形目 Cypriniformes 爬鳅科 Balitoridae 爬岩鳅属 *Beaufortia*。

【鉴别特征】 体较短，背鳍后段侧扁，腹面平坦。头平扁。口下位，口裂小，呈马蹄形。下唇呈弧形，中部有1个缺刻，左、右唇片边缘各具3~5个分叶状的乳突。下颌稍外露。吻褶分为约等大的3叶，叶端圆钝。吻褶叶间具2对须。鳃裂很窄，下缘不达胸鳍基部。体被细鳞，为皮膜所覆盖。侧线完全。胸鳍起点约在眼后缘的垂直线下方；腹鳍基部背面具1片发达的皮质瓣膜，左、右腹鳍最末根鳍条在中部相连，后缘有1个缺刻；尾鳍末端斜截，下叶稍长。体背棕色，腹部略黄。头背部和胸鳍背面具圆形或长圆形不规则的黑色斑点，体侧具10~14条黑色横纹。各鳍均具由黑色斑点组成的条纹。

【生活习性】 生活于山溪、小河急流处，吸附在岩石上，刮取固着藻类为食。

【种群状况】 常见种类，数量多。

【地理分布】 分布于珠江流域的左江、右江和红水河的支流山溪中。

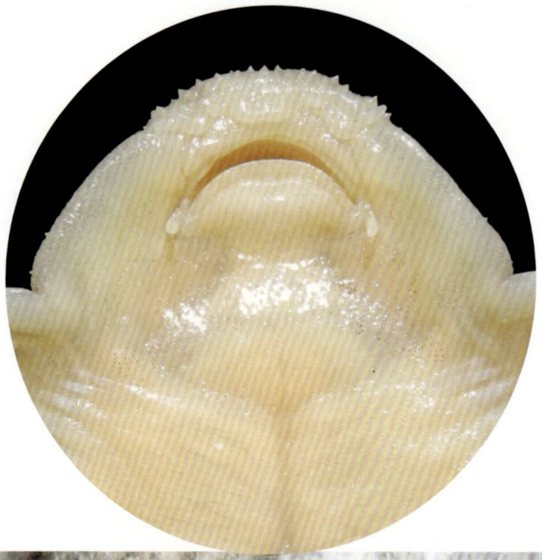

237. 贵州爬岩鳅 *Beaufortia kweichowensis* (Fang, 1931)

【分类地位】 鲤形目 Cypriniformes 爬鳅科 Balitoridae 爬岩鳅属 *Beaufortia*。

【鉴别特征】 体稍延长，尾柄侧扁。头部宽扁，吻端圆钝。口下位，口裂较大，呈马蹄形。下颌外露。吻褶分3叶，叶端圆钝。吻褶叶间具2对短小吻须。口角须1对。鳃裂极小，约等于眼径。体被细鳞，为皮膜所覆盖。侧线完全。胸鳍起点约在鼻孔中部垂直下方。左、右腹鳍的最末3~4根鳍条在中部斜向相连，后缘有1个较深的缺刻。尾鳍末端斜截，下叶略长。体背棕褐色。头部、体背侧和偶鳍基部密布大小不等的棕褐色圆斑。背鳍和尾鳍有由黑色斑点组成的条纹。

【生活习性】 在河滩急流处，吸附于岩石、砾石上，刮取固着藻类为食。

【种群状况】 常见种类。

【地理分布】 分布于珠江流域的龙江、浔江、融江和漓江各支流。

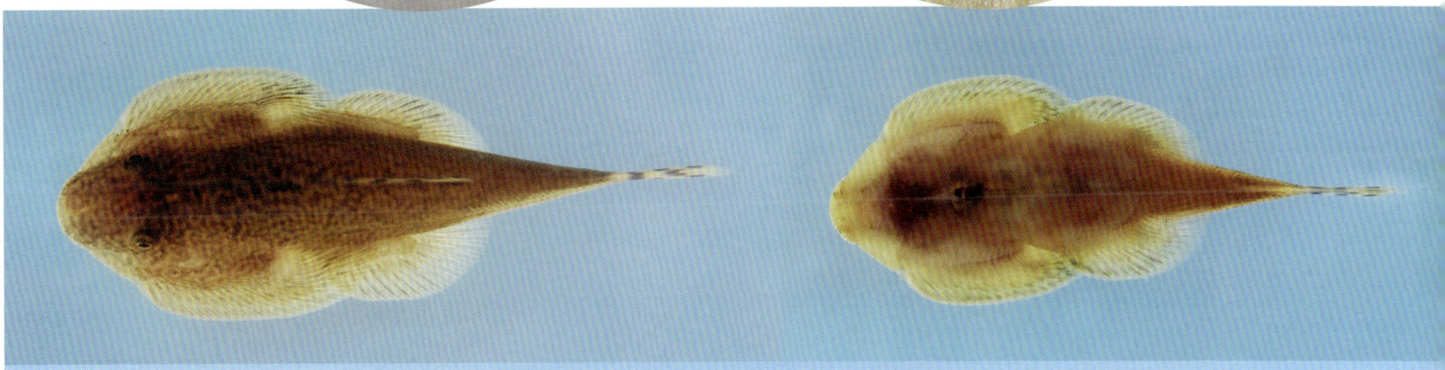

238. 爬岩鳅 *Beaufortia leveretti* (Nichols & Pope, 1927)

【分类地位】 鲤形目 Cypriniformes 爬鳅科 Balitoridae 爬岩鳅属 *Beaufortia*。

【鉴别特征】 体稍延长，尾柄侧扁。头部宽扁，吻端圆钝。口下位，口裂小，呈马蹄形。下颌外露。下唇呈“八”字形，中部有 1 个缺刻；左、右唇片前缘具乳突。口角须 1 对。鳃裂极小，约等于眼径。体被细鳞，为皮膜所覆盖。侧线完全。左、右腹鳍联合处有 1 个较深的缺刻。肛门被腹鳍末端所覆盖。尾鳍末端斜截，下叶略长。体背棕褐色。头部、体背侧和偶鳍基部密布大小不等的虫蚀斑。背鳍和尾鳍有由黑色斑点组成的条纹。

【生活习性】 生活于山溪急流处，吸附在岩石上，刮取固着藻类为食。

【种群状况】 在分布地有一定种群量。

【地理分布】 分布于海南省各水系。

239. 圆体爬岩鳅 *Beaufortia cyclica* Chen, 1980

【分类地位】 鲤形目 Cypriniformes 爬鳅科 Balitoridae 爬岩鳅属 *Beaufortia*。

【鉴别特征】 体前段平扁，背鳍后部身体侧扁，腹面平坦。头较宽扁，吻端圆钝。口下位，口裂中等大小，呈马蹄形。下唇呈弧形，外侧边缘各具3个小乳突。下颌外露。上唇与吻端之间具吻沟，延伸至口角。吻沟前具发达的吻褶，吻褶分3叶。吻褶叶间具2对小吻须，内侧1对稍粗大。口角须1对。前、后鼻孔相近。眼较小，侧上位。鳃裂小，下缘不达胸鳍基部。体被细鳞。侧线完全。背鳍起点位于腹鳍起点之后；胸鳍起点在鼻孔之前；左、右腹鳍完全相连，末端接近肛门；尾鳍末端斜截，下叶略长。体背棕褐色。头背部具不规则的褐色斑点；横跨背部有5~7个黑色大斑块。胸鳍外缘有7~9个褐色斑。背鳍和尾鳍均具由黑色斑点组成的条纹。

【生活习性】 喜欢在河滩急流处，吸附于岩石、砾石上，刮取固着藻类为食。

【种群状况】 在分布地有一定种群量。

【地理分布】 分布于西江水系。

240. 禄峒爬鳅 *Balitora ludongensis* Liu & Chen, 2012

【分类地位】 鲤形目 Cypriniformes 爬鳅科 Balitoridae 爬鳅属 *Balitora*。

【鉴别特征】 体延长，近圆筒形，尾柄侧扁。头低平。吻端稍尖。口下位，口裂小，深弧形。上唇 3~5 个乳突排成 1 行。下颌稍外露。吻褶分叶不明显，约为等大的 3 叶，吻褶叶间有 2 对吻须。口角须 2 对。鳃裂宽，下缘延伸到头部腹面。体侧被鳞。侧线完全，侧线鳞 69~74 枚。背鳍起点在腹鳍起点的前方。胸鳍末端不达腹鳍起点。腹鳍具 2 根不分枝鳍条，左、右腹鳍分离。尾柄高为尾柄长的 39.1%~55.0%。尾鳍叉形，上叶稍长。体背浅黄色，腹部灰白色。横跨体背中线处，具黑褐色圆形大斑 6~9 块。

【生活习性】 在山溪急流处，吸附在岩石、砾石上。刮取附着于岩石上的固着藻类为食。

【种群状况】 在分布地有一定种群量。

【地理分布】 分布于广西靖西、那坡山溪中。

241. 广西爬鳅 ***Balitora kwangsiensis* (Fang, 1930)**

【分类地位】 鲤形目 Cypriniformes 爬鳅科 Balitoridae 爬鳅属 *Balitora*。

【鉴别特征】 体延长，近圆筒形，尾柄侧扁。头低平。吻端稍尖。口下位，口裂小，深弧形。上唇具 2 排发达乳突。下唇有 1 排 8 个乳突。下颌稍外露。吻褶分叶不明显，约为等大的 3 叶，吻褶叶间有 2 对较粗大的吻须。口角须 2 对。鳃裂宽，下缘延伸到头部腹面。体侧被鳞。侧线完全。背鳍起点在腹鳍起点的前方；胸鳍末端不达腹鳍起点；腹鳍具 2 根不分枝鳍条，左、右腹鳍分离；尾鳍叉形，下叶稍长。体背浅黄色，腹部灰白色。头背面具不规则的褐色斑点，横跨体背中线处，具黑褐色圆形大斑 7~8 块。体侧具不规则的暗斑块。各鳍均具由黑色斑点组成的条纹。

【生活习性】 喜欢在河流急滩处，吸附于岩石、砾石上刮取固着藻类为食。

【种群状况】 常见种类。

【地理分布】 分布于珠江流域左江、右江、红水河、柳江、桂江、浔江及单独入海的南流江。

242. 伍氏华吸鳅 *Sinogastromyzon wui* Fang, 1930

【分类地位】 鲤形目 Cypriniformes 爬鳅科 Balitoridae 华吸鳅属 *Sinogastromyzon*。

【鉴别特征】 体短，前段宽而扁平，背鳍基后部身体侧扁，腹部平坦。头宽，吻端圆钝。口下位，口裂呈马蹄形。上唇具 9~12 个细小乳突排成 1 列。吻褶发达，分 3 叶，叶端圆钝，中叶宽大。吻褶叶间有 2 对约等大的小吻须。口角须 2 对。鳃裂下缘终止于胸鳍基部。体被细鳞。侧线完全。偶鳍宽大而平展，基部具发达的肉质鳍柄。胸鳍具 10~14 根不分枝鳍条，胸鳍超过腹鳍起点。左、右腹鳍条在后缘中部完全愈合呈吸盘状，末端超过肛门。尾鳍凹形，下叶较长。体背棕色，腹面略黄。头背部、体侧及偶鳍基部具不规则的黑褐色小斑块，横跨体背中线有 5~9 块较大的圆形黑褐色斑块。背鳍和尾鳍有由黑色斑点组成的条纹。

【生活习性】 常在河流急滩处，吸附于岩石、砾石上刮取固着藻类为食。

【种群状况】 珠江水系各较大支流常见种类。

【地理分布】 分布于珠江流域的左江、红水河、融江、柳江、漓江和黔江。

243. 糙隐鳍鲇 *Pterocryptis anomala* (Herre, 1934)

【分类地位】 鲇形目 Siluriformes 鲇科 Siluridae 隐鳍鲇属 *Pterocryptis*。

【鉴别特征】 体延长，背鳍后部身体长而侧扁。头圆钝且宽。口亚下位。上颌略突出于下颌。须 3 对，口角须最长，后伸可达臀鳍起点；颏须 2 对。鳃盖膜不与鳃峡相连。侧线完全。背鳍短小，无硬刺；臀鳍长，后端与尾鳍相连；胸鳍硬刺短而弱，前缘光滑，后缘具弱锯齿；尾鳍微内凹。活体呈褐色，略红；腹部颜色浅。

【生活习性】 常生活于洞穴内的小型肉食性鱼类。

【种群状况】 有一定种群数量。

【地理分布】 分布于珠江流域的红水河、柳江、桂江、漓江、左江和右江。

244. 越南隐鳍鲇 *Pterocryptis cochinchinensis* (Valenciennes, 1840)

【分类地位】 鲇形目 Siluriformes 鲇科 Siluridae 隐鳍鲇属 *Pterocryptis*。

【鉴别特征】 体长形，背鳍后部长而侧扁。头宽且钝圆，略平扁。口大，亚下位。上颌长于下颌。前、后鼻孔相离较远，前鼻孔呈短管状。须 2 对，口角须较长，后伸常及腹鳍。鳃耙 5~6 枚。鳃盖膜不与鳃峡相连。侧线完全。背鳍短小，无硬刺；臀鳍基长，后端与尾鳍相连；胸鳍骨质硬刺前缘光滑，后缘具弱锯齿；尾鳍平截或略内凹。活体深灰褐色，腹部灰白色；各鳍灰白色，臀鳍和胸鳍边缘具白边。

【生活习性】 以小鱼、虾为主要饵料的小型肉食性鱼类，洞穴内和地表河流、山溪都留下其踪迹。

【种群状况】 常见经济鱼类，数量多。

【地理分布】 在我国珠江流域广泛分布于红水河、柳江、桂江、左江、右江和喀斯特地区洞穴内，广西大瑶山、九万大山、十万大山、大明山等都有分布。

245. 鲇 *Silurus asotus* Linnaeus, 1758

【分类地位】 鲇形目 Siluriformes 鲇科 Siluridae 鲇属 *Silurus*。

【鉴别特征】 体延长，背鳍后部身体长而侧扁。头略平扁，钝圆。吻宽、平扁。口大，口裂伸达眼前缘垂直下方。下颌长于上颌。犁骨齿带连成一片。须2对，口角须较长，后伸达胸鳍基后端；颏须短。鳃盖膜不与鳃峡相连。侧线完全。背鳍短小，无硬刺；胸鳍骨质硬刺前缘具弱锯齿，后缘锯齿强；尾鳍微凹。体呈灰褐色，体侧色浅，具不规则的灰黑色斑块，腹面白色。

【生活习性】肉食性，凶猛，多潜伏在水草处捕捉小鱼、虾为食。

【种群状况】 重要的经济鱼类。

【地理分布】 我国南方地区均有广泛分布。

246. 都安鲇 *Silurus duanensis* Hu, Lan & Zhang, 2004

【分类地位】 鲇形目 Siluriformes 鲇科 Siluridae 鲇属 *Silurus*。

【鉴别特征】 体延长，背鳍以后侧扁。吻圆钝且平扁。口大，次上位，下颌突出于上颌。犁骨齿形成左、右各1行带。眼小。前、后鼻孔分隔较远，前鼻孔呈短管状，向前开口。须2对，口角须较长，后伸超过胸鳍起点；颏须较口角须为短。背鳍基短，无硬刺；臀鳍基长，后端与尾鳍相连处有1个缺刻；胸鳍硬刺前缘具颗粒状小突起，后缘具弱锯齿；尾鳍近平截或略凹。体棕黄色，背上部略黑；通体无斑纹。

【生活习性】 栖息于洞穴内。

【种群状况】 肉食性。种群数量少，但个体较大。

【地理分布】 分布于广西都安瑶族自治县境内的洞穴中。

247. 大口鲇 *Silurus meridionalis* Chen, 1977

【分类地位】 鲇形目 Siluriformes 鲇科 Siluridae 鲇属 *Silurus*。

【鉴别特征】 体延长，前部短而粗圆，后部长而侧扁。口大，下颌突出于上颌。口裂深，后伸达眼球中央垂直下方。眼小。须 2 对，吻须后伸可达腹鳍起点；颏须后伸达鳃盖后缘。侧线完全。背鳍基短；胸鳍具硬刺，硬刺前缘具颗粒状突起；臀鳍基长，后端与尾鳍相连；尾鳍小，略凹。体灰褐色，腹部灰白色；体侧具不规则的灰黑色云斑。

【生活习性】 生活于水面宽阔的江、河。凶猛的肉食性鱼类。

【种群状况】 重要的经济鱼类，可人工养殖。

【地理分布】 珠江流域的红水河、柳江等河流有分布。

胡子鲇科 Clariidae

248. 胡子鲇 *Clarias fuscus* (Lacépède, 1803)

【分类地位】 鲇形目 Siluriformes 胡子鲇科 Clariidae 胡子鲇属 *Clarias*。

【鉴别特征】 体延长，头部平扁，体后部侧扁。口大，亚下位。上颌略突出于下颌。眼很小。须4对，口角须最长，末端一般超过胸鳍，鼻须末端后伸略过鳃孔，颏须2对。背鳍基长，无硬刺，鳍条隐于皮膜内；背鳍条54~64根；臀鳍基长，但短于背鳍基；胸鳍小，硬刺前缘粗糙，后缘具弱锯齿；腹鳍小，起点位于背鳍起点垂直下方之后；尾鳍圆形。体黄褐色，体侧有一些不规则的白色小斑点。

【生活习性】 适应性强，在南方的水沟、稻田、池塘、小河、洞穴均留下其踪迹。产粘性卵，易繁殖。肉食为主的杂食性鱼类。

【种群状况】 经济鱼类，可人工养殖。

【地理分布】 我国南方各地均有分布。

249. 革胡子鲇 *Clarias gariepinus* (Burchell, 1822)

【分类地位】 鲇形目 Siluriformes 胡子鲇科 Clariidae 胡子鲇属 *Clarias*。

【鉴别特征】 体延长，头部平扁，体后部侧扁。口大，亚下位。上颌略突出于下颌。眼很小。须 4 对，口角须最长，末端一般超过胸鳍，鼻须末端后伸略过鳃孔，颏须 2 对。背鳍基长，无硬刺，背鳍条 64~76 根；臀鳍基长，但短于背鳍基；胸鳍小，硬刺前缘粗糙，后缘具弱锯齿；腹鳍小，起点位于背鳍起点垂直下方之后；尾鳍圆形。体侧有一些不规则的黑色斑点和灰白色云状斑块。

【生活习性】 在河、沟多以小鱼、虾为主食的肉食性鱼类，生长快，繁殖力强，池塘养殖吃人工投喂颗粒饲料。

【种群状况】 重要的经济鱼类，可人工养殖。

【地理分布】 外来物种，是重要的养殖种类，现在我国南方各地江河均有分布。

250. 线纹鳗鲇 *Plotosus lineatus* (Bloch, 1797)

【分类地位】 鲇形目 Siluriformes 鳗鲇科 Plotosidae 鳗鲇属 *Plotosus*。

【鉴别特征】 体细长，前部平扁，后部侧扁。吻钝，长。眼小，侧上位。须 4 对。鼻孔 2 个，前鼻孔有小须。背鳍末根不分枝鳍条为硬棘，第 1 背鳍起点位于胸鳍起点后上方，第 2 背鳍位于腹鳍起点前上方，后方与尾鳍相连。上、下颌齿呈带状。通体光滑无鳞。侧线孔明显。体棕色。眼上、下部各有 1 条白色条纹沿体侧向后延伸至尾鳍基。

【生活习性】 肉食性鱼类。

【种群状况】 经济鱼类，有一定种群数量。

【地理分布】 分布于南方沿海及河口水域。

长臀鮠科 Cranoglanididae

251. 长臀鮠 *Cranoglanis bouderius* (Richardson, 1846)

【分类地位】 鲇形目 Siluriformes 长臀鮠科 Cranoglanididae 长臀鮠属 *Cranoglanis*。

【鉴别特征】 体延长，侧扁。头近锥形。枕突长，后延几达背鳍起点。口亚下位，上颌长于下颌。后鼻孔之前有 1 根鼻须，可伸达眼。口角须伸达胸鳍起点。颏须 2 对。背鳍高，最长硬刺略短于最长分枝鳍条，后缘具锯齿；腹鳍分枝鳍条 10~11 根；脂鳍小；臀鳍基长，具 26~34 根分枝鳍条；腹鳍超过臀鳍起点。肛门紧靠臀鳍基。尾鳍深分叉。活体浅褐色，腹部略白。鳍条灰白色，基部黄色。

【生活习性】 栖息于江河底层。肉食性，以小鱼、虾为食。

【种群状况】 数量极少，为我国易危物种，已列入保护名录。

【地理分布】 分布于珠江流域的红水河、柳江、桂江、浔江和邕江。

252. 海南长臀鮠 *Cranoglanis bouderius multiradiatus* (Koller, 1927)

【分类地位】 鲇形目 Siluriformes 长臀鮠科 Cranoglanididae 长臀鮠属 *Cranoglanis*。

【鉴别特征】 体延长，侧扁。体长为体高的 3.9 倍。头近锥形。枕突长，后延几达背鳍起点。口下位，上颌长于下颌。后鼻孔之前有 1 根鼻须，可伸达眼前缘。眼较小。口角须超过胸鳍起点。颏须 2 对。背鳍高，最长硬刺短于最长分枝鳍条，后缘具锯齿；脂鳍小，后缘游离；臀鳍基长，具 34~43 根分枝鳍条，肛门紧靠臀鳍基；尾鳍分叉。体浅褐色，腹部略白。鳍条灰白色。

【生活习性】 肉食性鱼类。

【种群状况】 数量少。

【地理分布】 分布于海南省各水系。

鲶科 Pangasiidae

253. 半棱华鲶 *Sinopangasius semicultratus* Zhang & Wu, 1965

【分类地位】 鲇形目 Siluriformes 鲶科 Pangasiidae 华鲶属 *Sinopangasius*。

【鉴别特征】 体延长，后部侧扁。背部平直，腹部圆。腹部自腹鳍基部至肛门，具1个明显的皮质棱突。头平扁，吻短而宽。眼侧下位。口亚下位。须2对。背鳍和胸鳍具强棘；腹鳍无棘，具6根鳍条；脂鳍小；尾鳍叉形。侧线明显。体背侧及背部青灰色，腹部银灰色；背鳍、腹鳍和尾鳍边缘浅灰色。

【生活习性】 肉食性，生长快。

【种群状况】 种群数量少。

【地理分布】 分布于北部湾沿海及其入海河流中。

254. 黄颡鱼 *Pelteobagrus fulvidraco* (Richardson, 1846)

【分类地位】 鲇形目 Siluriformes 鲿科 Bagridae 黄颡鱼属 *Pelteobagrus*。

【鉴别特征】 体延长，粗壮，后躯侧扁。口大，下位。鼻须位于后鼻孔前缘；口角须 1 对；颏须 2 对。侧线完全。背鳍较小，具骨质硬刺，前缘光滑，后缘具细锯齿；胸鳍硬刺前缘锯齿细小而多，后缘锯齿粗壮而少；脂鳍小，后缘游离；尾鳍深分叉，末端圆。体橄榄褐色，腹部浅黄色。腹鳍与臀鳍上方各有 1 条深色横带。尾鳍两叶中部各有 1 条暗色纵条纹。

【生活习性】 栖息于江河底层，为小型的肉食性鱼类，人工养殖可驯化吃颗粒饲料。

【种群状况】 重要的经济鱼类，可人工养殖。

【地理分布】 我国南方广泛分布。

255. 中间黄颡鱼 *Pelteobagrus intermedius* Nichols & Pope, 1927

【分类地位】 鲇形目 Siluriformes 鲿科 Bagridae 黄颡鱼属 *Pelteobagrus*。

【鉴别特征】 体长形，前部略圆，后部侧扁。口下位，弧形。须 4 对，细弱。侧线完全。背鳍刺前缘光滑，后缘有弱锯齿；脂鳍末端游离；胸鳍刺前、后缘均有锯齿，前缘锯齿细小，后缘锯齿强硬；尾鳍叉形。体、背部淡黄色，腹部色淡。背鳍前具 1 块鞍状浅色斑，背鳍下方和臀鳍上方各有 1 块暗色斑块。

【生活习性】 小型肉食性鱼类。

【种群状况】 数量少。

【地理分布】 我国南方珠江流域均有分布。

256. 瓦氏黄颡鱼 ***Pelteobagrus vachelli*** **(Richardson, 1846)**

【分类地位】 鲇形目 Siluriformes 鲿科 Bagridae 黄颡鱼属 *Pelteobagrus*。

【鉴别特征】 体长形，前部略圆，后部侧扁。口下位，弧形。须 4 对。侧线完全。背鳍刺前缘光滑，后缘粗糙；脂鳍末端似游离；胸鳍刺前缘光滑，后缘具强锯齿；尾鳍叉形。体灰褐色，略黄，腹部色淡。背鳍和尾鳍末端暗褐色。

【生活习性】 小型肉食性鱼类，人工饲养可投喂颗粒饲料。

【种群状况】 重要的经济鱼类。

【地理分布】 我国南方广泛分布。

257. 长吻鮠 *Leiocassis longirostris* Güther, 1960

【分类地位】 鲇形目 Siluriformes 鲿科 Bagridae 鮠属 *Leiocassis*。

【鉴别特征】 体延长，前部略粗壮，后部侧扁。吻尖且突出。上枕骨棘裸露。口下位。上颌突出于下颌。眼小，侧上位。须 4 对，均细弱。背鳍短小，骨质硬刺后缘具细弱锯齿；脂鳍短；胸鳍硬刺前缘光滑，后缘具齿；腹鳍起点位于背鳍基后下方；尾鳍深分叉，上、下叶等长，末端圆钝。体淡红色，背部暗灰色；各鳍略黄。

【生活习性】 肉食性鱼类，个体较大生长快。

【种群状况】 重要的经济鱼类。

【地理分布】 原产于辽河至闽江水系，现南方各地均有人工养殖。

258. 粗唇鮠 *Leiocassis crassilabris* Güther, 1864

【分类地位】 鲇形目 Siluriformes 鲿科 Bagridae 鮠属 *Leiocassis*。

【鉴别特征】 体延长，前部略粗壮，后部侧扁。头钝。口下位。须 4 对，均细弱，鼻须后伸达眼部，口角须可达鳃盖骨。背鳍短小，骨质硬刺后缘具细弱锯齿；脂鳍发达，长于臀鳍；胸鳍硬刺前缘光滑，后缘齿发达；腹鳍起点位于背鳍基后垂直下方；尾鳍深分叉，上、下叶等长，末端圆钝。体灰褐色；体侧背鳍基部、脂鳍基部和尾鳍基部各具 1 条黑色横带纹。

【生活习性】 肉食性，以小鱼、虾为食。

【种群状况】 重要的经济鱼类。

【地理分布】 分布于珠江流域的红水河、邕江、左江、右江、柳江、桂江、漓江、蒙江和浔江等河流。

259. 条纹鮠 *Leiocassis virgatus* (Oshima, 1926)

【分类地位】 鲇形目 Siluriformes 鲿科 Bagridae 鮠属 *Leiocassis*。

【鉴别特征】 体延长，前部略粗壮，后部侧扁。头钝。口下位。须 4 对，均细弱。背鳍短小，骨质硬刺后缘具细弱锯齿；脂鳍发达，长于臀鳍；胸鳍硬刺前缘光滑，后缘齿发达；尾鳍深分叉，上、下叶等长，末端圆钝。体侧和尾鳍两叶各有 1 条暗色纵带纹。

【生活习性】 以小鱼、虾为主要食物的杂食性小型鱼类。

【种群状况】 数量少。

【地理分布】 广泛分布于珠江流域各河流。

260. 纵带鮠 *Leiocassis argentivittatus* (Regan, 1905)

【分类地位】 鲇形目 Siluriformes 鲿科 Bagridae 鮠属 *Leiocassis*。

【鉴别特征】 体延长，粗壮。头短，吻钝。口下位，弧形。上颌长于下颌。眼大，侧上位。鼻须后伸超过眼后缘，口角须超过胸鳍起点，颏须 2 对。背鳍骨质硬刺后缘光滑或具弱锯齿；脂鳍基短于臀鳍基；臀鳍较短，臀鳍分枝鳍条 12~15 根。胸鳍硬刺前缘光滑，后缘具强锯齿；尾鳍深分叉。体黄褐色，腹部色浅，体侧有 1 条暗色纵带，前端至吻，后端分叉伸入尾鳍上、下叶；体侧上、下各有 1 条黑色纵带。背鳍和脂鳍有暗色斑块。

【生活习性】 以水生昆虫、底栖动物、小鱼虾为食的杂食性底层鱼类。

【种群状况】 常见种类。

【地理分布】 分布于珠江流域的红水河、柳江、蒙江、邕江、浔江和西江。

261. 细体拟鲿 *Pseudobagrus pratti* (Güther, 1892)

【分类地位】 鲇形目 Siluriformes 鲿科 Bagridae 拟鲿属 *Pseudobagrus*。

【鉴别特征】 体细长，体长为体高的 4.5 倍以上。头平扁。吻宽，钝圆。口下位，上颌突出于下颌。须 4 对，细小。尾柄细长，尾柄高等于或小于头长的 1/3。背鳍短，骨质硬刺前、后缘均光滑；脂鳍低长，末端游离；臀鳍起点位于脂鳍起点垂直下方之后；胸鳍硬刺前缘光滑，后缘具锯齿 8~10 枚。尾鳍浅凹形，上、下叶末端圆钝。体褐色，腹部颜色略浅，通体无斑。

【生活习性】 小型肉食性鱼类，生活于底层，在支流中上游，河流多砾石、砂河段。

【种群状况】 数量少。

【地理分布】 分布于珠江流域的柳江、漓江、桂江。

262. 白边拟鲿 *Pseudobagrus albomarginatus* (Rendahl, 1928)

【分类地位】 鲇形目 Siluriformes 鲿科 Bagridae 拟鲿属 *Pseudobagrus*。

【鉴别特征】 体延长，胸部粗圆，向后渐侧扁。头宽而平扁。吻钝圆，宽扁。口下位，闭合时上颌前端稍外露。须细短。体裸露无鳞。侧线完全。背鳍短，背鳍刺后缘有弱锯齿；脂鳍后端圆凸，底部游离。胸鳍有 1 根后缘带锯齿的硬刺；尾鳍发达，后缘圆形。体褐色，腹部略白。尾鳍边缘灰白色。

【生活习性】 以水生昆虫，小鱼、虾为主食的杂食性鱼类。生活于山区的溪流，喜欢水清澈透明，水温较低的环境。

【种群状况】 种群数量少。

【地理分布】 分布于广西金秀大瑶山，大明山中。

263. 斑鳠 *Mystus guttatus* (Lacépède, 1803)

【分类地位】 鲇形目 Siluriformes 鲿科 Bagridae 鳠属 *Mystus*。

【鉴别特征】 体延长，后部侧扁。头宽，略平扁。吻宽而钝。口大，下位。上颌稍突出于下颌。后鼻孔前缘具鼻须，末端达眼后缘；口角须长，后端超过胸鳍后端；颏须 2 对。体光滑无鳞。背鳍短，骨质硬刺前缘光滑，后缘有弱锯齿；脂鳍长，后缘略圆而游离；臀鳍基短，起点位于脂鳍起点之后；胸鳍硬刺前缘有细小锯齿，后缘锯齿粗壮；腹鳍起点位于背鳍基后端垂直下方略后；尾鳍分叉。体呈灰褐色，腹部色浅，体侧有大小不等零星的圆形黑色斑点。背鳍、脂鳍和尾鳍有大小不一的黑色小点。

【生活习性】 以鱼、虾为食的凶猛性鱼类。栖息于底层，尤其有岩石河段，喜欢在地下河汇入地表河的交汇处活动。

【种群状况】 名贵的经济鱼类。

【地理分布】 我国南方地区广泛分布。

264. 大鳍鳠 *Mystus macropterus* (Bleeker, 1870)

【分类地位】 鲇形目 Siluriformes 鲿科 Bagridae 鳠属 *Mystus*。

【鉴别特征】 体延长，后部侧扁。头宽，平扁。吻钝。口大，亚下位。上颌突出于下颌。后鼻孔前缘具鼻须，末端超过眼中央；口角须后伸达胸鳍条后端。外侧颏须长于内侧颏须，后端达胸鳍起点。鳃孔大。鳃盖膜不与鳃峡相连。鳃耙细长。体光滑无鳞。鳔1室。背鳍短小，骨质硬刺光滑；脂鳍长，后缘不游离；胸鳍硬刺前缘具细锯齿，后缘锯齿发达，鳍条后伸不及腹鳍；腹鳍起点位于背鳍基后端垂直下方；尾鳍分叉，上叶长于下叶，末端圆钝。体浅褐色，腹部略白，体侧散布黑色小斑点，尾鳍后缘微黑色。

【生活习性】 肉食性鱼类。栖息在河流上游，小河有岩石、砾石河段。

【种群状况】 经济鱼类。

【地理分布】 珠江流域广泛分布。

265. 长尾鲱 *Pareuchiloglanis longicauda* (Yue, 1981)

【分类地位】 鲇形目 Siluriformes 鲱科 Sisoridae 鲱属 *Pareuchiloglanis*。

【鉴别特征】 体长形，前躯平扁，后躯侧扁，尾柄细长。头宽，平扁。吻宽而圆。口下位，弧形。上、下颌具齿带。须 4 对；鼻须 1 对，后伸将达眼前缘。眼小，侧上位。前、后鼻孔相邻。鳃孔窄，下角伸达胸鳍第 1 不分枝鳍条的上部。背鳍无硬刺，起点距吻端较距脂鳍起点远；脂鳍末端尖，游离；胸鳍及腹鳍的基部宽厚；胸鳍不达腹鳍；尾鳍平截。背部棕褐色，腹部黄色。上枕骨两侧各有 1 个黄色斑点。背鳍起点向前两侧各有 1 个圆形黄斑。脂鳍起点有 1 个纵椭圆形黄斑。脂鳍灰黄色。

【生活习性】 小型肉食性鱼类。栖息于山区小河、溪流多岩石、砾石河段，水流特急处也能吸附于岩石上不被冲走。

【种群状况】 数量极少。

【地理分布】 分布于西江水系红水河、南盘江、北盘江等。

266. 海南纹胸鮡 *Glyptothorax hainanensis* (Nichols & Pope, 1927)

【分类地位】 鲇形目 Siluriformes 鮡科 Sisoridae 纹胸鮡属 *Glyptothorax*。

【鉴别特征】 体粗短，体长为尾柄高的 8~10 倍。头宽而平扁。吻宽，平扁。口下位。须 4 对。胸部在鳃孔下后方有纹状吸着器。侧线完全。背鳍短，其硬刺粗壮，后缘具弱锯齿，背鳍起点位于腹鳍之前上方；脂鳍短而高；臀鳍短；胸鳍水平伸展，硬刺内缘有锯齿；尾鳍叉形。体浅黄色。背鳍起点有鞍状黄斑。背鳍和脂鳍下方具灰黑色横斑。尾鳍基部均有不明显的暗斑。

【生活习性】 栖息于山区溪涧，水流特急也能吸附于岩石上不被冲走。以小鱼、虾、水生昆虫为食。

【种群状况】 种群数量少。

【地理分布】 分布于海南省各水系。

267. 福建纹胸鮡 *Glyptothorax fokiensis* (Rendahl, 1925)

【分类地位】 鲇形目 Siluriformes 鮡科 Sisoridae 纹胸鮡属 *Glyptothorax*。

【鉴别特征】 体粗短。头宽而平扁。吻宽，平扁。口下位。须 4 对。胸部在鳃孔下后方有纹状吸着器。侧线完全。背鳍短，其硬刺粗壮，后缘具弱锯齿，背鳍起点位于腹鳍之前上方；脂鳍短而高；臀鳍短；胸鳍水平伸展，硬刺内缘有锯齿；尾鳍叉形。体橄榄色。背鳍起点有鞍状黄斑。背鳍和脂鳍下方具灰黑色横斑。尾鳍基部均有不明显的暗斑。

【生活习性】 常栖息于河滩急流处，以水生昆虫、小鱼、虾为主食物的杂食性鱼类。

【种群状况】 常见的小型鱼类。

【地理分布】 分布于珠江流域的红水河、漓江、桂江、柳江、左江、右江，单独入海河流亦有分布。

钝头鮠科 Amblycipitidae

268. 鳗尾鉠 *Liobagrus anguillicauda* Nichols, 1926

【分类地位】 鲇形目 Siluriformes 钝头鮠科 Amblycipitidae 鉠属 *Liobagrus*。

【鉴别特征】 体延长。头宽而扁。吻钝圆，两颊鼓起。口横裂，上颌长于下颌。须 4 对。前、后鼻孔接近。犁骨齿带 1 行。背鳍小，有皮膜覆盖；脂鳍后端与尾鳍相连；胸鳍刺光滑无锯齿；尾鳍圆形。体棕黄色，腹面颜色略淡，臀鳍与尾鳍有淡色窄边。

【生活习性】 以水生昆虫、小鱼、虾为食。生活在山溪、小河，河底多为砾石、砂石河段。

【种群状况】 数量少。

【地理分布】 分布于珠江流域的柳江。

269. 巨修仁鉠 *Xiurenbagrus gigas* Zhao, Lan & Zhang, 2004

【分类地位】 鲇形目 Siluriformes 钝头鮠科 Amblycipitidae 修仁鉠属 *Xiurenbagrus*。

【鉴别特征】 体延长。头平扁，头长大于头宽。吻较圆。口下位，上颌长于下颌。犁骨齿带分离，呈 2 行。须 4 对，口角须最长。眼小。两鼻孔相邻。鳃盖膜不与峡部相连。背鳍分枝鳍条 6 根；脂鳍后端游离；臀鳍短，不达尾鳍基；胸鳍刺内缘有锯齿；尾鳍内凹或平截。体褐棕色，腹部淡黄色，背鳍和尾鳍的边缘略白。

【生活习性】 肉食性鱼类，以小鱼、虾为食。栖息在岩石河段的红水河。

【种群状况】 数量极少，但个体大，是本类群个体最大的种类。

【地理分布】 分布于珠江流域红水河干流的都安瑶族自治县、天峨县境内河段。

270. 后背修仁鉠 *Xiurenbagrus dorsalis* Xiu, Yang & Zheng, 2014

【分类地位】 鲇形目 Siluriformes 钝头鮠科 Amblycipitidae 修仁鉠属 *Xiurenbagrus*。

【鉴别特征】 背鳍较后，胸鳍后伸远不达背鳍起点；腹鳍起点约与背鳍第 4~5 根分枝鳍条相对。上颌显著突出于下颌之前。口角须长大于头长。胸鳍刺内缘光滑无锯齿；脂鳍末端与尾鳍相连。尾柄长大于臀鳍基长；臀鳍分枝鳍条 9 根。无眼。

【生活习性】 栖息于洞穴内。

【种群状况】 数量极稀少。

【地理分布】 仅分布于广西贺州市富川县境内。

鮰科 Ictaluridae

271. 斑点叉尾鮰 *Ictalurus punctatus* (Rafinesgue, 1818)

【分类地位】 鲇形目 Siluriformes 鮰科 Ictaluridae 鮰属 *Ictalurus*。

【鉴别特征】 体延长。腹部较平直。口亚下位，横裂。上、下颌着生有较尖的小齿。须 4 对。体表光滑无鳞。侧线孔明显。背鳍和胸鳍具硬棘，外缘光滑，内缘呈锯齿状；尾鳍深分叉。

【生活习性】 性凶猛，肉食性，人工饲料可投喂颗粒饲料，生长快。

【种群状况】 经济鱼类，人工可养殖。

【地理分布】 外来物种，原产于美洲。现我国南方各地均有养殖。

272. 鲅 *Liza haematocheila* (Temminck & Schlegel, 1845)

【分类地位】 鲻形目 Mugiliformes 鲻科 Mugilidae 鲅属 *Liza*。

【鉴别特征】 体长形，后部侧扁。吻短钝，眼间隔宽而平坦。口小，亚下位。上颌有 1 行弱齿。无侧线。2 个背鳍；胸鳍后伸超过腹鳍；腹鳍位于第 1 个背鳍之前；尾鳍略凹。体青灰色，略白。眼上缘呈红色。各鳍略呈灰色。

【生活习性】 河口性鱼类，既可生活于淡水也可生活于咸水，在南方沿海及近海河段均能生存。

【种群状况】 重要经济鱼类，数量多。

【地理分布】 分布于南方沿海诸河口咸淡水水域，在珠江可溯河上游到梧州段。

鱵科 Hemirhamphidae

273. 间下鱵 *Hyporhamphus intermedius* (Cantor, 1842)

【分类地位】 颌针鱼目 Beloniformes 鱵科 Hemirhamphidae 下鱵属 *Hyporhamphus*。

【鉴别特征】 体细长；前部近圆柱形，后部侧扁。眼大。口小。下颌长于上颌，下颌延长呈针状。体被圆鳞。尾鳍内凹，下叶长于上叶。体银白色，背部暗绿色，体侧有 1 条灰黑色纵带。

【生活习性】 生活于近海沿岸及江河下游，为中上层鱼类，主要以浮游动物为食。为上溯洄游鱼类。

【种群状况】 种群数量少。

【地理分布】 珠江仅见于梧州。

怪颌鳉科 Adrianichthyidae

274. 青鳉 ***Oryzias latipes* (Temminck & Schlegel, 1846)**

【分类地位】 颌针鱼目 Beloniformes 怪颌鳉科 Adrianichthyidae 青鳉属 *Oryzias*。

【鉴别特征】 体小，长形。眼大。口小，上位。体被圆鳞，纵列鳞 26 枚。背鳍后位，基底末端约与臀鳍底末端相对。尾鳍截形。体淡黄灰色，沿背缘正中有 1 条黑色纵纹。

【生活习性】 生活于水体表层，喜欢集群活动，游动缓慢，常栖息在稻田、水坑中。

【种群状况】 数量少。

【地理分布】 南方各地均有分布。

胎鳉科 Poeciliidae

275. 食蚊鱼 *Gambusia affinis* (Baird & Girard, 1853)

【分类地位】 鳉形目 Cyprinodontiformes 胎鳉科 Poeciliidae 食蚊鱼属 *Gambusia*。

【鉴别特征】 体小，长形，略侧扁。吻短，眼大。口小，上位，口裂横直。体被圆鳞，纵列鳞 29~30 枚。胸鳍位高，基底上端约在体中轴水平线上。尾鳍圆形。

【生活习性】 卵胎生，以水生昆虫、摇蚊幼虫为食。常栖息于水体表层。

【种群状况】 繁殖快，数量极多，尤其在养殖水体多泛滥成灾。

【地理分布】 外来物种，原产于北美洲，现我国南方各地区均有分布。

合鳃鱼科 Synbranchidae

276. 黄鳝 *Monopterus albus* (Zuiew, 1793)

【分类地位】 合鳃目 Synbranchiformes 合鳃鱼科 Synbranchidae 黄鳝属 *Monopterus*。

【鉴别特征】 体如蛇形，尾短而尖。头膨大，略圆，吻端尖。口大，次下位，口裂超过眼后缘。左、右鳃孔在腹面合而为一，鳃孔呈“V”字形。体裸露无鳞。体微黄色至黄褐色，有不规则的黑色斑点。

【生活习性】 主要以水生昆虫为食。生活于稻田、池塘、水沟，喜钻洞穴居。有性逆转现象，小为雌性，成熟繁殖后转雄性。

【种群状况】 常见经济鱼类。

【地理分布】 我国南方各地均广泛分布。

花鲈科 Lateolabracidae

277. 花鲈 *Lateolabrax japonicus* (Cuvier, 1828)

【分类地位】 鲈形目 Perciformes 花鲈科 Lateolabracidae 花鲈属 *Lateolabrax*。

【鉴别特征】 体延长，侧扁。吻短，略尖。口裂大，下颌略长于上颌。上、下颌骨，犁骨及腭骨具齿带。前鳃盖骨后缘具细锯齿。体被栉鳞。侧线完全。背鳍2个，第1个背鳍均为鳍棘；腹鳍起点约与背鳍起点相对；尾鳍浅分叉状，上、下叶末端钝圆。体背部银灰色，腹部灰白色。侧线以上体侧散布有黑色小斑点。背鳍和尾鳍边缘呈黑色。

【生活习性】 河口性鱼类，可生活于淡水、咸水和半咸水水域。性凶猛，以鱼、虾为食的肉食性鱼类。

【种群状况】 重要经济鱼类，数量多。

【地理分布】 南方各地沿海诸河河口均有分布。

真鲈科 Percichthyidae

278. 中国少鳞鳜 *Coreoperca whiteheadi* Boulenger, 1900

【分类地位】 鲈形目 Perciformes 真鲈科 Percichthyidae 少鳞鳜属 *Coreoperca*。

【鉴别特征】 体长圆形，侧扁。头长与体高几乎相等。口端位，口裂大。上颌骨末端游离，后缘延伸到眼下方。体被小圆鳞。侧线完全。背鳍 2 个，基部相连。第 1 个背鳍均为 13 根鳍棘，第 2 个背鳍末端近尾鳍基部。第 2 个臀鳍棘长而粗壮。胸鳍圆形；尾鳍圆形。鳃耙 7 枚。幽门垂 3 枚。体棕色，腹部略浅。眼后头侧有 3 条辐射状黑色斜纹带，鳃盖后端有 1 块黑色圆斑。体侧有不规则暗色斑纹。奇鳍有由黑色斑点组成的条纹。

【生活习性】 小型凶猛肉食性鱼类，以小鱼、虾为食，常潜伏于水草丛中猎取鱼、虾，喜欢栖息岩石、砾石河段。

【种群状况】 常见经济鱼类。

【地理分布】 我国南方地区广泛分布。

279. 柳州鳜 *Siniperca liuzhouensis* Zhou, Kong & Zhu, 1987

【分类地位】 鲈形目 Perciformes 真鲈科 Percichthyidae 鳜属 *Siniperca*。

【鉴别特征】 体椭圆形，侧扁。头大，吻短尖。口端位。下颌稍长于上颌，口闭时下颌齿不外露，下颌两侧有较大的圆锥形齿。前鳃盖骨后缘有锯齿 8 枚。体被细小圆鳞。侧线完全。背鳍 2 个，第 1 个背鳍全为鳍棘；胸鳍扇形；腹鳍稍后于胸鳍；尾鳍圆形。体背暗黑色，腹部色稍浅。侧线以下体侧密布黑色小圆斑；侧线以上体侧具大的不规则黑斑。奇鳍有由黑色斑点组成的条纹。

【生活习性】 凶猛肉食性鱼类，以小鱼、虾为食。喜欢栖息岩石、砾石河段。

【种群状况】 名贵经济鱼类。

【地理分布】 分布于珠江流域融江、龙江和柳江。

280. 波纹鳜 *Siniperca undulate* Fang & Chong, 1932

【分类地位】 鲈形目 Perciformes 真鲈科 Percichthyidae 鳜属 Siniperca。

【鉴别特征】 体高，侧扁。头大，吻尖。口亚上位，口裂大，上颌骨后延伸达眼后缘下部。眼大。体被小圆鳞。侧线完全。第一背鳍为 13 根鳍棘，第二背鳍分枝鳍条约为 10–12 根；胸鳍扇形；腹鳍稍后于胸鳍；尾鳍圆形。体背棕褐色。体侧具 5 条左右纵向白色波纹状斑纹；背部及沿侧线具多个不规则黑色斑纹。各鳍浅黑色。

【生活习性】 生活于水体中上层，以小鱼、虾为食的肉食性鱼类。

【种群状况】 目前已是江河的稀有种类，数量极少，是江河珍稀鱼类之一。

【地理分布】 广泛分布于中国南方各水系。

281. 斑鳜 *Siniperca scherzeri* Steindachner, 1892

【分类地位】 鲈形目 Perciformes 真鲈科 Percichthyidae 鳜属 *Siniperca*。

【鉴别特征】 体延长而侧扁。头大，吻尖。口端位，下颌明显长于上颌，口闭合时，下颌前端齿稍外露。眼大。体被小圆鳞。侧线完全。背鳍 2 个，第 1 个背鳍均为鳍棘；胸鳍扇形；尾鳍圆形。体棕黄色。头部及鳃盖具暗黑色的小圆斑，体侧有较多的黑色圆环，环中央棕黄色。沿背部中线有 4 个大型斑块。奇鳍有由黑色斑点组成的条纹。

【生活习性】 凶猛肉食性鱼类，以鱼、虾为食。生活于多岩石、砾石河段。

【种群状况】 名贵经济鱼类。

【地理分布】 分布于珠江流域红水河、左江、右江、浔江、融江、柳江、漓江和桂江。

282. 大眼鳜 *Siniperca kneri* Garman, 1912

【分类地位】 鲈形目 Perciformes 真鲈科 Percichthyidae 鳜属 *Siniperca*。

【鉴别特征】 体高，侧扁。头大，吻尖。口端位，口裂大，上颌骨后延伸达眼下缘。下颌明显超过上颌，口闭合时，下颌前端齿外露。眼大。体被小圆鳞。侧线完全。背鳍2个，第1个背鳍均为鳍棘；胸鳍扇形；腹鳍稍后于胸鳍；尾鳍圆形。体背棕黄色。头侧各有1条斜带自吻端发出穿过眼眶直达背鳍前部鳍棘下方，头顶有1条宽带自吻端发出直达背鳍起点。体侧有不规则的棕黑色斑块和斑点。奇鳍有由黑色斑点组成的条纹，尾鳍后缘棕黑色。

【生活习性】 凶猛肉食性鱼类，以鱼、虾为食。生活于水面开阔的江河、水库。

【种群状况】 名贵经济鱼类。

【地理分布】 广泛分布于珠江流域各水系。

棘臀鱼科 Centrarchidae

283. 大口黑鲈 ***Micropterus salmoides*** **(Lacépède, 1802)**

【分类地位】 鲈形目 Perciformes 棘臀鱼科 Centrarchidae 黑鲈属 *Micropterus*。

【鉴别特征】 体延长，侧扁。头中等大。口亚上位，口裂向后延达眼中部。上、下颌具梳状齿。背鳍 2 个，硬棘与鳍条部之间有深缺刻；腹鳍胸位，起点位于背鳍起点下方。全身被灰白色或浅黄色栉鳞，侧线完全。尾鳍叉形。体侧背部灰黑色，往下渐变为淡绿色，体侧中部具 1 条明显而宽阔的黑色纵带。

【生活习性】 为淡水广温性鱼类，栖息于水生植物丰富的水域中；肉食性，性凶猛。

【种群状况】 重要经济鱼类，已大量人工养殖。

【地理分布】 原产于北美洲，现我国南方各地均有养殖。

284. 黄鳍棘鲷 *Acanthopagrus latus* (Houttuyn, 1782)

【分类地位】 鲈形目 Perciformes 鲷科 Sparidae 棘鲷属 *Acanthopagrus*。

【鉴别特征】 体高，侧扁。体背部窄，腹缘圆钝。口小，上颌稍长于下颌；上颌前方具 6 枚圆锥形齿，两侧臼齿 4 行；下颌前方具 6 枚圆锥形齿，两侧臼齿 3 行。体被栉鳞。背鳍鳍棘部与鳍条部连续；胸鳍尖长，末端延达臀鳍起点；腹鳍胸位，较小；尾鳍浅分叉。体青灰色，体侧具多条灰色纵带。背鳍边缘灰黑色；腹鳍、臀鳍、尾鳍下叶黄色。

【生活习性】 暖水性中小型鱼类。

【种群状况】 重要经济鱼类，数量多。

【地理分布】 分布于南方海域及河口区。

丽鱼科 Cichlidae

285. 尼罗口孵鱼 *Oreochromis niloticus* (Linnaeus, 1758)

【分类地位】 鲈形目 Perciformes 丽鱼科 Cichlidae 口孵鱼属 *Oreochromis*。

【鉴别特征】 体长，侧扁，卵圆形。口端位。上、下颌齿细小。体被栉鳞，颊部与鳃盖也有鳞，侧线断为 2 条，上侧线后部与下侧线之间有鳞 2 行。背鳍起点略前于胸鳍起点上方；胸鳍长，后缘斜截且上端尖；腹鳍末端伸达肛门；尾鳍中央微凹。体棕色；体侧有 9~10 条垂直的黑色条纹，成鱼较不明显。背鳍鳍条部有若干条由大斑块组成的斜向带纹，鳍棘部的鳍膜上有与鳍棘平行的灰黑色斑条纹；尾鳍有 6~8 条近于垂直的黑色条纹。

【生活习性】 产卵后，雌鱼将其受精卵含于口中孵化，繁殖力强，喜高温，适宜水温为 15—35℃，适应性强，耐低氧，杂食性，生长快。

【种群状况】 重要经济鱼类，在池塘、水库、网箱大量养殖，由于逃入江河、水库目前已在这些水域自然繁殖形成优势种群。

【地理分布】 原产于非洲，现我国南方各地均有养殖，部分地方在江河水库中自然繁殖。

沙塘鳢科 Odontobutidae

286. 中华沙塘鳢 *Odontobutis sinensis* Wu, Chen & Chong, 2002

【分类地位】鲈形目 Perciformes 沙塘鳢科 Odontobutidae 沙塘鳢属 *Odontobutis*。

【鉴别特征】体延长，粗壮。前段近圆筒形，向后渐侧扁。头大，平扁，颊部突出。口端位。上、下颌各有多行绒毛状细小齿。犁骨和腭骨无齿。舌大，游离，前端圆形。眼上缘具有细弱骨质嵴。无侧线。背鳍2个，分离；第2个背鳍具1根鳍棘，有7~10根鳍条；臀鳍与第2个背鳍相对；胸鳍宽圆，扇形。左、右腹鳍小，相互靠近，不愈合成吸盘。尾鳍半椭圆形或圆形。体背黑褐色，向腹侧渐呈淡黄色。头侧及腹面有许多浅褐色及黑色相间的斑块和点纹。体侧有3~4块大三角形黑褐色斑块，斑块在体侧下方相连接。胸鳍基部有2块长条状黑褐色大斑点。

【生活习性】以水生昆虫、虾、小鱼为食的小型肉食性鱼类。栖息在山区溪涧、小河，水清澈透明，水温较低并有岩石、砾石环境。

【种群状况】种群数量多。

【地理分布】分布于珠江支流的左江、邕江、漓江和桂江等河流，广西十万大山、大明山，沿海单独入海诸河亦有分布。

287. 小黄黝鱼 *Micropercops cinctus* (Dabry de Thiersant, 1872)

【分类地位】 鲈形目 Perciformes 沙塘鳢科 Odontobutidae 小黄黝鱼属 *Micropercops*。

【鉴别特征】 体细长，侧扁。头较大，略平扁。口上位。上、下颌各有 5 排圆锥形绒毛状齿。腭骨无齿。鼻孔 2 个，分离。头部具感觉管及感觉管孔。无侧线，纵列鳞 28~32 枚。背鳍 2 个，分离；第 1 个背鳍具 7~8 根鳍棘；第 2 个背鳍具 1 根鳍棘，10~12 根鳍条。胸鳍大，长圆形。肛门与第 2 个背鳍起点相对。尾鳍椭圆形。体侧有 12~16 条不明显的黑褐色宽横带纹。

【生活习性】 以水生昆虫、小虾为主要饵料。栖息于小河、山区的沟溪。

【种群状况】 在云南境内数量多。

【地理分布】 分布于珠江流域左江、南盘江。

288. 萨氏华黝鱼 *Sineleotris saccharae* Herre, 1940

【分类地位】 鲈形目 Perciformes 沙塘鳢科 Odontobutidae 华黝鱼属 *Sineleotris*。

【鉴别特征】 体细长，侧扁。头较大。口上位。上、下颌各有 5 排圆锥形绒毛状齿。腭骨无齿。鼻孔 2 个，分离。头部具感觉管及感觉管孔。无侧线，纵列鳞 34~36 枚。背鳍 2 个，分离；第 1 个背鳍具 9 根鳍棘；第 2 个背鳍具 1 根鳍棘，13 根鳍条。胸鳍大，长圆形。肛门与第 2 个背鳍起点相对。尾鳍椭圆形。体侧有不明显的黑褐色宽横带。胸鳍基部具 1 块小黑斑。

【生活习性】 栖息于水温较低的山区溪流，水质好，清澈透明，多岩石、砾石环境。以水生昆虫、小鱼、虾为食。

【种群状况】 种群数量多。

【地理分布】 分布于珠江流域山区，广西十万大山和大明山。

塘鳢科 Eleotridae

289. 中华乌塘鳢 *Bostrychus sinensis* Lacépède, 1801

【分类地位】 鲈形目 Perciformes 塘鳢科 Eleotridae 乌塘鳢属 *Bostrychus*。

【鉴别特征】 体细长，前躯近圆筒形，后躯侧扁。头宽而平扁。口端位，口裂斜裂，上颌骨后端伸达眼后缘的下方。上、下颌具多行绒毛状细齿。舌前端略圆。鼻孔 2 个，前鼻孔具细长鼻管。眼上侧位。体被小圆鳞。无侧线。背鳍 2 个，第 1 个背鳍全为鳍棘；胸鳍发达，宽圆，后伸超过腹鳍；腹鳍较短，左、右腹鳍靠近，但不愈合成吸盘；尾鳍圆形。体黑褐色，腹部色浅。体侧上方有 12 条隐约可见的深褐色斜纹。胸鳍、腹鳍灰黄色。尾鳍基底上端具 1 个带白边的黑斑。

【生活习性】 以小鱼、虾为食的肉食性鱼类。栖息于水流较平缓的近海河流、河湾、水库。

【种群状况】 重要的经济鱼类，可人工养殖。

【地理分布】 南方沿海各地诸河均有分布。

290. 尖头塘鳢 *Eleotris oxycephala* Temminck & Schlegel, 1845

【分类地位】 鲈形目 Perciformes 塘鳢科 Eleotridae 塘鳢属 *Eleotris*。

【鉴别特征】 体延长，前躯近圆筒形，后躯侧扁。头宽、平扁；吻长大于眼径。口端位。下颌突出于上颌；上、下颌各具 4 排细齿。犁骨和腭骨无齿。舌圆形。前、后鼻孔相距甚远。体被栉鳞，但第 1 个背鳍前方、头部及胸腹部为圆鳞。无侧线。背鳍 2 个，第 1 背鳍全为鳍棘；胸鳍基部肉质柄发达，鳍宽大。左、右腹鳍相互靠近，但不形成吸盘；尾鳍圆形。体背暗黑色，腹部颜色较淡。头侧有 2 条黑色纵线纹，1 条自上颌吻端经眼至鳃盖上方，1 条从眼后下缘向下倾斜至前鳃盖后缘中间。体侧有多条深褐色纵条纹。

【生活习性】 以水生昆虫、小虾为食的杂食性鱼类。栖息于水流较平缓的近海河段、入海河口。

【种群状况】 种群数量多。

【地理分布】 南方各水系、河口及入海河流均有分布。

291. 海南华黝鱼 *Sineleotris chalmersi* (Nichols & Pope, 1927)

【分类地位】 鲈形目 Perciformes 塘鳢科 Eleotridae 华黝鱼属 *Sineleotris*。

【鉴别特征】 体延长，前段近圆筒形，后段侧扁。吻尖长。口裂中等大，下颌稍突出。上、下颌各具5排圆锥形绒毛状细齿。前、后鼻孔分离，前鼻孔有短管。前鳃盖骨后缘光滑无硬棘。无侧线，纵列鳞42~46枚，横列鳞14~16枚。背鳍2个，分离，相距较近，第1个背鳍全为鳍棘；腹鳍起点在胸鳍基部下方，左、右腹鳍相互靠近；尾鳍圆形。体棕色。头侧部及鳃盖膜暗黑色。体侧有由细小黑褐色斑点组成的5~6个暗色斑块。胸鳍基底上部有1个黑斑。背鳍、尾鳍有由黑点组成的条纹。

【生活习性】 喜欢栖息于小龙潭、小河沟等水流较平缓，水草丰富的环境。以水生昆虫、小虾为食。

【种群状况】 种群数量多。

【地理分布】 广泛分布于珠江流域的柳江、桂江、左江、右江、红水河和北仑河。

292. 大鳞细齿塘鳢 *Philypnus hainanensis* (Chen, 1985)

【分类地位】 鲈形目 Perciformes 塘鳢科 Eleotridae 细齿塘鳢属 *Philypnus*。

【鉴别特征】 体延长，侧扁。头大，上吻部有皮质突起。口端位，下颌稍突出。无侧线。纵列鳞 28~32 枚，横列鳞 10~11 枚。背鳍 2 个，分离。第 1 个背鳍全为鳍棘；腹鳍起点在胸鳍基部下方，左、右腹鳍相互靠近；尾鳍椭圆形。体背灰褐色。眼下 1 根褐色垂直条纹伸达腹面。体侧密布着许多细小暗褐色斑点。鳃盖骨后上角至胸鳍基上方有 1 块大的紫黑色斑。背鳍和尾鳍有由黑斑点组成的条纹。

【生活习性】 以水生昆虫、小虾为食。栖息于水流较平缓的小河、沟，喜欢水草丰富的环境。

【种群状况】 种群数量多。

【地理分布】 分布于珠江流域的红水河、柳江，沿海单独入海诸河亦有分布。

鰕虎鱼科 Gobiidae

293. 黏皮鲻鰕虎鱼 *Mugilogobius myxodermus* (Herre, 1935)

【分类地位】 鲈形目 Perciformes 鰕虎鱼科 Gobiidae 鲻鰕虎鱼属 *Mugilogobius*。

【鉴别特征】 体延长，粗壮，前段近圆筒形。略平扁，吻短而钝圆。口近端位。舌游离，前端近截形。鼻孔每侧 2 个，前鼻孔开孔于吻皮边缘；后鼻孔位于眼前方。背鳍 2 个，分离，第 1 个背鳍全为鳍棘；腹鳍起点在胸鳍基部下方，左、右腹鳍愈合成长圆形吸盘；尾鳍圆形。体淡黄色，腹部灰白色。头部有褐色虫状纹及斑点。体侧有灰黑色小斑点。胸鳍基底有 1 条暗斑纹；背鳍、尾鳍具有由黑色斑点组成的条纹。

【生活习性】 以浮游动物、水生昆虫为食。栖息于底层，多生活在小河沟、池塘等泥底环境，也喜欢水草丰富的地方。极耐低氧，在池塘干水数日，还能在湿润的泥表存活。

【种群状况】 数量多。

【地理分布】 我国南方地区广泛分布。

294. 舌鰕虎鱼 *Glossogobius giuris* (Hamilton, 1822)

【分类地位】 鲈形目 Perciformes 鰕虎鱼科 Gobiidae 舌鰕虎鱼属 *Glossogobius*。

【鉴别特征】 体细长，前段近圆筒形。吻尖长。口近端位，口裂大，上颌骨后端达眼前缘的下方，下颌长于上颌。上、下颌具多行细齿。舌前端分叉。体被栉鳞，胸、腹部具圆鳞。背鳍 2 个，分离，第 1 个背鳍全为鳍棘；胸鳍宽大而圆；左、右腹鳍在腹部中央愈合成长圆形吸盘；尾鳍近圆形。体背部灰褐色，腹部灰白色。体侧具 4~5 个暗色斑，体背中央有 4~5 条横跨背部的褐色斑纹。背鳍、胸鳍和尾鳍有由黑色斑点组成的条纹。

【生活习性】 以小鱼、虾、水生昆虫为食。多在河流下游、入海河口水流平缓的河段生活。

【种群状况】 常见小型经济鱼类。

【地理分布】 南方沿海诸河均有分布。

295. 子陵吻鰕虎鱼 ***Rhinogobius giurinus*** **(Rutter, 1897)**

【分类地位】 鲈形目 Perciformes 鰕虎鱼科 Gobiidae 吻鰕虎鱼属 *Rhinogobius*。

【鉴别特征】 体延长，前段近圆筒形，后段侧扁。头大，略平扁。口端位。上、下颌前部具多行小齿，无犬齿。舌发达，游离，前端近圆形。鼻孔每侧 2 个，分离。前鼻孔具短管，近吻端，后鼻孔为圆形小孔。背鳍 2 个，分离，相距较近，第 1 个背鳍全为鳍棘；左、右腹鳍在腹部中央愈合成长圆形吸盘；尾鳍圆形。体背淡黄色。头部有不规则的虫状纹，颊部有 4~6 条斜向前下方的暗色条纹。体侧有不规则暗色斑块 6~7 块。胸鳍基部上方有 1 块黑斑；背鳍和尾鳍有由黑色斑点组成的条纹。

【生活习性】 以浮游动物、水生昆虫、小虾为食。栖息于河沟、小龙潭、池塘、水库，泥底或砂底均能适应，也喜欢水草丰富环境。

【种群状况】 常见种类，数量多。

【地理分布】 在我国南方广泛分布。

296. 溪吻鰕虎鱼 *Rhinogobius duospilus* (Herre, 1935)

【分类地位】 鲈形目 Perciformes 鰕虎鱼科 Gobiidae 吻鰕虎鱼属 *Rhinogobius*。

【鉴别特征】 体细长，前段近圆筒形，后段侧扁。头稍平扁。口端位。上、下颌具多行细齿。舌前端圆形，游离。鼻孔每侧2个，前、后鼻孔分开一定距离。体被栉鳞，腹面被圆鳞。背鳍2个，分离；腹鳍起点在胸鳍基部下方，左、右腹鳍在腹部中央愈合成圆盘状吸盘；尾鳍圆形。体背淡黄色。颊部有3条斜向后方的红褐色条纹。体侧鳞片边缘为褐色。尾鳍基部有1块黑斑；胸鳍基部有1块小黑斑；背鳍、尾鳍具由黑色斑点组成的条纹。

【生活习性】 主要以水生昆虫为食。栖息于山区水温较低、水清澈的溪涧，喜欢砾石、砂石底环境。

【种群状况】 山区常见种类，数量多。

【地理分布】 我国南方山溪地区广泛分布。

297. 攀鲈 ***Anabas testudineus*** **(Bloch, 1792)**

【分类地位】 鲈形目 Perciformes 攀鲈科 Anabantiae 攀鲈属 *Anabas*。

【鉴别特征】 体侧扁，近卵圆形。尾柄短。头圆钝。上、下颌有细齿，下颌略长于上颌。鳃盖骨边缘具强锯齿。体被栉鳞。胸鳍末端伸达臀鳍起点上方；腹鳍起点在胸鳍基部的后下方。体浅绿色，背侧面色深。体侧散布黑色斑点。鳃盖骨后缘强棘之间具 1 块大黑斑。

【生活习性】 肉食性鱼类，吃小鱼、虾、昆虫等。栖息于河流下游近海处，水流平缓河段，沟、溪。

【种群状况】 数量多。

【地理分布】 南方沿海诸河流均有分布。

斗鱼科 Belontiidae

298. 叉尾斗鱼 *Macropodus opercularis* (Linnaeus, 1758)

【分类地位】 鲈形目 Perciformes 斗鱼科 Belontiidae 斗鱼属 *Macropodus*。

【鉴别特征】 体侧扁。口端位。胸鳍较长，后端尖圆；腹鳍互相紧靠；尾鳍分叉，上、下叶外侧鳍条延长。体侧有 10 余条蓝褐色的横带纹。鳃盖后角有 1 块暗绿色圆斑。

【生活习性】 喜栖息于静小河沟中。可作观赏鱼类饲养。

【种群状况】 常见种类，数量多。

【地理分布】 我国南方各地广泛分布。

鳢科 Channidae

299. 斑鳢 *Channa maculate* (Lacépède, 1801)

【分类地位】 鲈形目 Perciformes 鳢科 Channidae 鳢属 *Channa*。

【鉴别特征】 体前端圆筒形，后部侧扁。口大，端位，下颌突出，口裂略斜。上颌骨后端伸达眼后缘下方。上颌及下颌前方有绒毛状齿带。头、体部被中等大的圆鳞，侧线鳞 45 枚以上。背鳍起点在腹鳍基部上方，后部鳍条伸达尾鳍基，背鳍条 38~45 根。腹鳍短小。体灰黑色，腹部灰色；背部有 1 块纵行黑斑，体侧有由 2 条纵行不规则黑斑形成的条带，背鳍、臀鳍及尾鳍均有黑白相间的斑纹。

【生活习性】 肉食性凶猛鱼类，常潜伏于水草丛中掠捕鱼、虾为食。极耐低氧，离开水体可存活数小时。亲鱼有护幼习性。

【种群状况】 经济鱼类之一，有人工养殖。

【地理分布】 我国南方各地均有分布。

300. 宽额鳢 *Channa gachua* (Hamilton, 1822)

【分类地位】 鲈形目 Perciformes 鳢科 Channidae 鳢属 *Channa*。

【鉴别特征】 前端圆筒形，后部侧扁。头短宽且平扁，头长为宽的 1.42 倍。口大，端位，下颌突出，口裂略斜。上颌骨后端伸达眼后缘下方。上颌及下颌前方有绒毛状齿带。头、体部被中等大的圆鳞，侧线鳞 42~44 枚。背鳍起点在腹鳍基部上方，后部鳍条伸达尾鳍基，背鳍条 32~34 根。腹鳍短小。体褐色，腹部略白；体侧散布有许多黑点。背鳍、臀鳍和尾鳍边缘橙色。

【生活习性】 以小鱼、虾、昆虫为食。喜欢栖息于水流平缓或静水环境，耐低氧。

【种群状况】 种群数量较少。

【地理分布】 分布于广西南宁的邕江支流和那坡县境内。

301. 月鳢 *Channa asiatica* (Linnaeus, 1758)

【分类地位】 鲈形目 Perciformes 鳢科 Channidae 鳢属 *Channa*。

【鉴别特征】 前端圆筒形，后部侧扁。上、下颌外行齿绒毛状，下颌内行齿较大；舌端尖圆。头、体部均被中等大的圆鳞。背鳍起点在胸鳍基部稍后上方，末端鳍条伸达尾鳍基，背鳍条 41~47 根。无腹鳍。体绿褐色，背部颜色较深；体侧沿中部有 7~10 条“《”形黑褐色横纹带；头侧眼后部有 2 条黑色纵带延伸到鳃孔。背鳍、臀鳍灰褐色，上有白色小斑点；胸鳍基部后上方有 1 块黑色大斑，尾柄部有 1 块边缘白色的黑色眼状斑。体侧黑色斑纹边缘具白色斑点。

【生活习性】 栖息于小溪流、坑、塘，尤其是水草、杂草丛生处，伏击小鱼、虾为食。耐低氧，离开水可存活数小时。

【种群状况】 经济鱼类之一，有人工养殖。

【地理分布】 我国南方广泛分布，是山溪经济鱼类。亦有人工养殖。

302. 黑月鳢 *Channa nox* Zhang, Musikasinthorn & Watanabe, 2002

【分类地位】 鲈形目 Perciformes 鳢科 Channidae 鳢属 *Channa*。

【鉴别特征】 前端圆筒形，后部侧扁。上、下颌外行齿绒毛状，下颌内行齿较大；舌端尖圆。头、体部均被中等大的圆鳞。背鳍起点在胸鳍基部稍后上方，末端鳍条伸达尾鳍基，背鳍条 47~51 根；臀鳍条 32~33 根。无腹鳍。体灰褐色；体侧沿中部有 8~11 条“《”形黑色横纹带；头侧眼后部有 2 条黑色纵带延伸到鳃孔。各鳍灰褐色；体侧黑色斑纹边缘具白色小斑点。

【生活习性】 以小鱼、虾、水生昆虫为食。栖息于水流平缓处的水沟、坑，耐低氧。

【种群状况】 数量少。

【地理分布】 现知仅分布于沿海河流的广西钦州市黄屋屯镇、合浦县南流江一带。

鳚科 Blenniidae

303. 猛肩鳃鳚 *Omobranchus ferox* (Herre, 1927)

【分类地位】 鲈形目 Perciformes 鳚科 Blenniidae 肩鳃鳚属 *Omobranchus*。

【鉴别特征】 体延长，侧扁。吻短、钝。眼中等大，侧上位。口小，上颌略长于下颌。体裸露无鳞。背鳍相连，分枝鳍条部分略高，背鳍起点位于胸鳍起点之前；腹鳍胸位，腹鳍呈丝状；尾鳍扇形。体暗棕色。头部在眼后方具 1 条蓝白色垂直条纹。鳃盖膜腹面具白色斑纹。

【生活习性】 以小鱼、虾、水生昆虫为食。栖息于水流平缓处的水沟、坑，耐低氧。

【种群状况】 数量少。

【地理分布】 分布于沿海河口区域。

刺鳅科 Mastacembelidae

304. 刺鳅 *Mastacembelus sinensis* (Bleeker, 1870)

【分类地位】 合鳃鱼目 Synbranchiformes 刺鳅科 Mastacembelidae 刺鳅属 *Mastacembelus*。

【鉴别特征】 体细长。头小，吻尖长。口端位，口裂深；上、下颌有多行细尖齿。眼小。前鳃盖骨后缘无棘。身体密被细小的圆鳞。背鳍基长；鳍棘由皮膜包住。臀鳍第 2 鳍棘最大。尾鳍近圆形。体侧具黑白相间的带状条纹。

【生活习性】 栖息于小河流沙滩、多砾石、砂石河段。以小鱼、虾、水生昆虫为食。

【种群状况】 常见小型鱼类。

【地理分布】 广泛分布于南方各水系。

305. 大刺鳅 ***Mastacembelus armatus* (Lacépède, 1800)**

【分类地位】 合鳃鱼目 Synbranchiformes 刺鳅科 Mastacembelidae 刺鳅属 *Mastacembelus*。

【鉴别特征】 体延长，侧扁。头部侧扁。吻尖长。口小，口裂平直。上、下颌有多行细尖齿。头和体均密被细小的圆鳞。侧线明显，侧线鳞 300 枚以上。背鳍起点在胸鳍中部上方；臀鳍后端与尾鳍相连；尾鳍近圆形。

【生活习性】 为底栖、杂食性鱼类。

【种群状况】 经济鱼类之一。

【地理分布】 珠江流域分布广泛。

杜父鱼科 Cottidae

306. 松江鲈 ***Trachidermus fasciatus*** **Heckel, 1837**

【分类地位】 鲈形目 Perciformes 杜父鱼科 Cottidae 松江鲈属 *Trachidermus*。

【鉴别特征】 头和体前部平扁，后部略侧扁。头部具皮肤覆盖的棘的棱。口大，压下位，上颌稍长于下颌。上、下颌、腭骨和犁骨具绒毛状细齿。前鳃盖骨具4个棘突。鳃盖膜宽大，与峡部相连。全身无鳞。背鳍具8~9根鳍棘，18~20根分枝鳍条。胸鳍宽大，末端伸达肛门。腹鳍胸位。尾鳍后缘呈圆形。头、体背部呈淡黄褐色，腹部灰白。体侧具4~5条深褐色横斑，分别位于第1背鳍前部、尾鳍基部和第2背鳍中部和后部。

【生活习性】 在淡水中生长，到河口近海繁殖。

【种群状况】 数量少，国家Ⅱ级重点保护野生动物。

【地理分布】 分布于近海沿岸浅水水域和与海相通的河流。

舌鳎科 Cynoglossidae

307. 三线舌鳎 *Cynoglissus trigrammus* Günther, 1862

【分类地位】 鲽形目 Pleuronectiformes 舌鳎科 Cynoglossidae 舌鳎属 *Cynoglissus*。

【鉴别特征】 体呈舌状，极侧扁。头短。吻圆钝。两眼位于头部的左侧。口窄小，呈半月形。体被栉鳞。左侧具侧线 3 条。背鳍起于吻端背缘。臀鳍基长。无胸鳍。体一侧无色，另一侧呈黄褐色；头部和躯干有不规则的小黑斑块。

【生活习性】 河口性鱼类，可在淡水、半咸水和海洋生活，常溯河上游数十千米。

【种群状况】 数量多。

【地理分布】 南方沿海均有分布。

鲀科 Tetraodontidae

308. 弓斑东方鲀 *Takifugu ocellatus* (Osbeck, 1757)

【分类地位】 鲀形目 Tetraodontiformes 鲀科 Tetraodontidae 东方鲀属 *Takifugu*。

【鉴别特征】 体椭圆形，前部粗壮，腹部圆形。吻短，圆钝。口小，端位。齿愈合为喙状齿板。鳃孔小。背鳍起点与肛门上方相对；臀鳍起点在背鳍起点稍后下方；胸鳍、尾鳍后缘平截。体背侧灰褐色；腹面银白色。体侧胸鳍基部后上方有 1 块大黑斑，与横跨背面暗绿色横带相连。背鳍基部有 1 块大黑斑。

【生活习性】 杂食性，以小鱼、贝类、甲壳类、水生昆虫为食。生活在江河中下游。其生殖腺、肝脏、血液含有毒素，河 鲀毒素可致人于死亡。

【种群状况】 种群数量少。

【地理分布】 南方各水系近海及下游河流中均有分布。

中文名称索引

A

B

C

D

F

G

H

拉丁学名索引

A

B

C

R

S

条鳅科岭鳅属未定种 *Oreonectes* sp.

鲤形目 Cypriniformes 条鳅科 Nemacheilidae 岭鳅属 *Oreonectes*。

条鳅科高原鳅属未定种 *Triplophysa* sp.

鲤形目 Cypriniformes 条鳅科 Nemacheilidae 高原鳅属 *Triplophysa*。

条鳅科高原鳅属未定种 *Triplophysa* sp.

鲤形目 Cypriniformes 条鳅科 Nemacheilidae 高原鳅属 *Triplophysa*。

鳅科副沙鳅属未定种 *Parabotia* sp.

鲤形目 Cypriniformes 鳅科 Cobitidae 副沙鳅属 *Parabotia*。

鳅科原花鳅属未定种 *Protocobitis* sp.

鲤形目 Cypriniformes 鳅科 Cobitidae 原花鳅属 *Protocobitis*。

鲤科金线鲃属未定种 *Sinocyclocheilus* sp.

鲤形目 Cypriniformes 鲤科 Cyprinidae 金线鲃属 *Sinocyclocheilus*。

鲤科野鲮亚科未定属未定种 *Cyprinidae Labeoninae* sp.

鲤形目 Cypriniformes 鲤科 Cyprinidae。

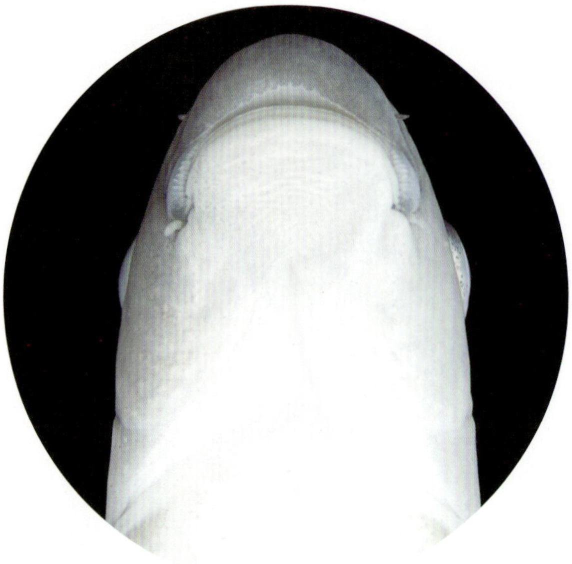

鲤科孟加拉鲮属未定种 ***Bangana* sp.**

鲤形目 Cypriniformes 鲤科 Cyprinidae 孟加拉鲮属 *Bangana*。

鲤科拟缨鱼属未定种 *Pseudocrossocheilus* sp.

鲤形目 Cypriniformes 鲤科 Cyprinidae 拟缨鱼属 *Pseudocrossocheilus*。

鲤科唇鲮属未定种 *Semilabeo* sp.

鲤形目 Cypriniformes 鲤科 Cyprinidae 唇鲮属 *Semilabeo*。

爬鳅科近原吸鳅属未定种 *Erromyzon* sp.

鲤形目 Cypriniformes 爬鳅科 Balitoridae 近原吸鳅属 *Erromyzon*。

鲇科鲇属未定种 *Silurus* sp.

鲇形目 Siluriformes 鲇科 Siluridae 鲇属 *Silurus*。

参考文献

中国科学院水生生物研究所，上海自然博物馆. 1982. 中国淡水鱼类原色图集(第一集). 上海：上海科学技术出版社.

农牧渔业部水产局，中国科学院水生生物研究所，上海自然博物馆. 1988. 中国淡水鱼类原色图集(第二集). 上海：上海科学技术出版社.

农业部水产司，中国科学院水生生物研究所. 1993. 中国淡水鱼类原色图集(第三集). 上海：上海科学技术出版社.

曾晴贤. 台湾的淡水鱼类. 1986. 台北：台湾省政府教育厅出版社.

曹文宣. 1989. 条鳅亚科//郑慈英. 珠江鱼类志. 北京：科学出版社.

陈景星，蓝家湖. 广西鱼类一新属三新种(鲤形目：鲤科、鳅科). 动物分类学报，17(1)：104–109.

陈小勇，崔桂华，杨君兴. 2004. 广西高原鳅属鱼类一穴居新种记述. 动物学研究，25(3)：227–231.

陈小勇，杨君兴，崔桂华. 2006. 广西华缨鱼属鱼类一新种记述. 动物学研究，27(1)：81–85.

陈银瑞，杨君兴，SKET B，等. 1998. 穴居盲副鳅及其性状演化. 动物学研究，19(1)：59–63.

陈银瑞，杨君兴，蓝家湖. 1997. 广西盲鱼一新种及其系统关系分析(鲤形目：鲤科、鲃亚科). 动物分类学报，22(2)：219–223.

单乡红，林人端，乐佩琦，等. 2000. 鲃亚科//乐佩琦，等. 中国动物志　硬骨鱼纲　鲤形目(下卷). 北京：科学出版社，3–170.

甘西，陈小勇，杨君兴. 2007. 广西云南鳅属鱼类一新种记述. 动物学研究，28(3)：321–324.

甘西，吴铁军，韦慕兰，杨剑. 2013. 中国广西金线鲃属盲鱼一新种——安水金线鲃. 动物学研究，34(5)：459–463.

黄艳飞，小勇，杨君兴. 2007. 广西东部野鲮亚科鱼类一新种——长鳍异华鲮. 动物学研究，28(5)：531–538.

黄爱民，杜丽娜，陈小勇，等. 2009. 广西岭鳅属鱼类一新种——大鳞岭鳅. 动物学研究，30(4)：445–448.

蓝家湖，蓝浩东. 1996. 广西洞穴盲鱼1新属3新种. 广西水产科技，2：1–5.

蓝家湖，杨君兴，陈银瑞. 1995. 广西条鳅亚科鱼类二新种(鲤形目：鳅科). 动物分类学报，20(3)：366–372.

蓝家湖，杨君兴，陈银瑞. 1996. 广西洞穴鱼类一新种(鲤形目：鳅科). 动物学研究，17(2)：109–112.

蓝家湖，张春光. 2006. 鲤形目鳅科//广西壮族自治区水产研究所，中国科学院动物研究所. 广西淡水鱼类志(2版). 南宁：广西人民出版社，80–122.

蓝家湖，赵亚辉，张春光. 2004. 中国广西金线鲃属一新种(鲤形目：鲤科、鲃亚科). 动物分类学报，29(2)：377–380.

蓝家湖，甘西，吴铁军，杨剑. 2013. 广西洞穴鱼类. 北京：科学出版社.

蓝永保，覃旭传，蓝家湖，修立辉，杨剑. 2016. 广西金线鲃属鱼类一新种记述. 信阳师范学院学报(自然科学版)，29(3):

乐佩琦，单乡红，林人端，等. 2000. 中国动物志　硬骨鱼纲　鲤形目(下卷). 北京：科学出版社.

李国良. 1989. 中国金线鲃属一新种(鲤形目：鲤科、鲃亚科). 动物分类学报，14(1)：123–126.

李维贤，蓝家湖. 1992. 广西鲤科鱼类一新属三新种. 湛江水产学院学报，12(2)：46–51.

李维贤，肖蘅，罗忠义. 2003. 广西洞穴金线鲃属一新种. 广西师范大学学报(自然科学版)，21(3)：80–81.

李维贤，蓝家湖. 2003. 广西洞穴金线鲃一新种——九圩金线鲃. 广西师范大学学报(自然科学版)，21(4)：83–85.

李维贤，冉景承，陈会明. 2003. 贵州洞穴金线鲃一新种及其性状的适应性. 吉首大学学报(自然科学版)，24(4)：61–63.

李维贤，冉景丞，陈会明. 2006. 贵州洞穴盲副鳅一新种. 湛江海洋大学学报，26 (4)：1–2.

李维贤，肖蘅，罗志发，等. 2000. 广西金线鲃属一新种. 动物学研究，21(2)：155–157.

吉文，王大忠，罗志发. 1997. 南鳅属鱼类一新种及一新亚种(鲤形目：鳅科：条鳅亚科). 遵义医学院学报，20(2–3)：4–7.

林人端，罗志发. 1986. 广西溶洞内生活的盲鱼——金线鲃属一新种. 水生生物学报，10(4)：380–382.

林人端. 1989. 鲤形目鲤科鲃亚科金线鲃属//郑慈英. 珠江鱼类志. 北京：科学出版社：172–175.

林昱，李超,宋佳坤. 2012. 中国贵州省穴居盲鳅一新种 (鲤形目：爬鳅科). 动物分类学报，37(3)：640–647.

冉景丞，李维贤，陈会明. 2006. 广西洞穴盲副鳅一新种 (鲤形目：鲤科). 广西师范大学学报(自然科学版)，24(3)：81–82.

唐文乔. 1997. 副原吸鳅属鱼类一新种 (鲤形目：平鳍鳅科). 动物分类学报，22(1)：108–111.

汪松，谢焱. 2004. 中国物种红色名录·第一卷：红色名录. 北京：高等教育出版社.

王大忠，陈宜瑜. 1989. 贵州鲤科鱼类三新种. 遵义医学院学报，12(4)：29–34.

吴铁军，廖振平，甘西，等. 2010. 广西洞穴金线鲃属二新种记述 (鲤形目：鲤科：鲃亚科). 广西师范大学学报(自然科学版)，28(4)：116–120.

胡学友，蓝家湖，张春光. 2004. 广西鲇属一新种及其性状讨论. 动物分类学报，29 (3)：586–590.

伍汉霖，陈义雄，庄棣华. 2002. 中国沙塘鳢属 (*Odontobutis*) 鱼类之一新种(鲈形目：沙塘鳢科). 上海水产大学学报，

11(1)：6-13.
伍汉霖，吴小清，解玉浩. 1993，中国沙塘鳢属鱼类的整理和一新种的叙述. 上海水产大学学报，2(1)：52-61.
伍律，金大雄，郭振中，等. 1989. 贵州鱼类志. 贵阳：贵州人民出版社，1-294.
伍献文. 1964. 中国鲤科鱼类志(上卷). 上海：上海科学技术出版社.
伍献文，等. 1977. 中国鲤科鱼类志(下卷). 上海：上海人民出版社.
谢家骅. 1989. 鲤形目鲤科鲃亚科金线鲃属∥伍律. 贵州鱼类志. 贵阳：贵州人民出版社，153-157.
杨剑，吴铁军，蓝家湖. 2011. 中国广西盲鳅一新种——环江高原鳅. 动物学研究，32(5)：566-571.
杨剑，吴铁军，韦日锋，等. 2011. 广西岭鳅属鱼类一新种——罗城岭鳅. 动物学研究，32(2)：208-211.
杨琼，韦慕兰，蓝家湖，等. 2011. 广西岭鳅属鱼类一新种. 广西师范大学学报(自然科学版)，29(1)：72-75.
杨君兴，陈小勇，蓝家湖. 2004. 高原特有条鳅鱼类两新种在广西的发现及其动物地理学意义. 动物学研究，25(2)：111-116.
张春光，戴定远. 1992. 中国金线鲃属一新种——季氏金线鲃(鲤形目：鲤科：鲃亚科). 动物分类学报，17(3)：377-380.
张春光，赵亚辉. 2001. 中国鲃亚科金线鲃属鱼类一新种及其生态和适应(鲤形目：鲤科). 动物分类学报，26(1)：102-107.
赵亚辉，张春光. 2001. 中国广西小鳔鮈属一新种(鲤形目：鲤科). 动物分类学报，26(4)：589-592.
赵亚辉，张春光，蓝家湖. 2006. 鲤形目鲤科鲃亚科金线鲃属∥广西壮族自治区水产研究所，中国科学院动物研究所. 广西淡水鱼类志(2版). 南宁：广西人民出版社，259-282.
赵亚辉，张春光. 2009. 中国特有金线鲃属鱼类—物种多样性、洞穴适应、系统演化和动物地理. 北京：科学出版社.
郑慈英. 1989，珠江鱼类志. 北京：科学出版社.
郑慈英，陈景星. 1983，中国野鲮亚科鱼类的二个新亚种. 暨南理医学报，(1)：71-79.
郑慈英，陈宜瑜. 1980，广东省的平鳍鳅科鱼类. 动物分类学报，5(1)：89-101.
潘炯华，钟麟，郑慈英，等. 1991，广东淡水鱼类志. 广州：广东科技出版社.
周才武，孔晓瑜，朱思荣. 1987，中国鳜属一新种——柳州鳜. 海洋与湖沼，18(4)：348-351.
周石保，李国良. 1998，广西金线鲃属鱼类一新种(鲤形目：鲤科：鲃亚科). 广西科学，5(2)：139-141.
周解，张春光，何安尤. 2004. 中国广西金线鲃属盲鱼一新种及其生境(鲤科，鲃亚科). 动物分类学报，29(3)：591-594.
周解，张春光，何安尤，等. 2003. 广西鲤科鲤亚科盲鱼一新种及其生活环境. 广西水产科技，(3)：15-18.
周石保，李国良. 1998. 广西金线鲃属鱼类一新种(鲤形目：鲤科：鲃亚科). 广西科学，5(2)：139-141，149.
朱松泉，曹文宣. 1987. 广东和广西条鳅亚科鱼类及一新属三新种描述(鲤形目:鳅科). 动物分类学报，12(3)：323-331.
朱松泉. 1983. 中国条鳅亚科的一新属新种. 动物分类学报，8(3)：311-313.
朱松泉. 1989. 中国条鳅志. 南京：江苏科学技术出版社.
朱松泉. 1995，中国淡水鱼类检索. 南京：江苏科学技术出版社.
朱瑜，杜丽娜，陈小勇，等. 2009. 广西云南鳅属鱼类一新种——靖西云南鳅. 动物学研究，30(2)：195-198.
朱瑜，蓝春，张鹗. 2006. 广西异华鲮属鱼类一新种. 水生生物学报，30(5)：503-507.
朱瑜，吕业坚，杨君兴，等. 2008. 中国广西原花鳅属穴居盲鱼一新种——多鳞原花鳅. 动物学研究，29(4)：452-454.
朱元鼎. 1984，福建鱼类志(上卷). 福州：福建科学技术出版社.
朱元鼎. 1985，福建鱼类志(下卷). 福州：福建科学技术出版社.
朱定贵，朱瑜. 2012. 中国广西金线鲃属鱼类一新种(鲤形目：鲤科). 动物分类学报，37(1)：222-226.
朱定贵，朱瑜. 2012.中国广西副沙鳅属鱼类一新种的描述(鲤形目: 鳅科). 云南农业大学学报，27(3): 447-449.
CHEN XIAOPING, JOHN G. LUNDBERG. *Xiurenbagrus*, a new genus of Amblycipitid catfishes (Teleostei: Siluriformes), and phylogenetic relationships among the genera of Amblycipitidae. Copeia, 1995，4: 780-800.
Chen Yanqiao, Peng Chang Lian & Zhang E. 2016. Sinocyclocheilus guanyangensis,a new species of cavefish from theLi-Jiang basin of Guangxi, China (Teleostei: Cyprinidae). Ichthyological Exploration of Freshwaters, 27(1): 1-8.
CHEN YONGXIA, CHEN YIFENG. 2007. *Bibarba bibarba*: a new genus and species of Cobitinae (Pisces: Cypriniformes: Cobitidae) from Guangxi Province (China). Zoologischer Anzeiger, 246 (2): 103-113.
Deng Huai Qing, Xiao Ning, Hou Xiufa & Zhou Jiang. 2016. A new species of the genus Oreonectes (Cypriniformes:Nemacheilidae) from Guizhou, China. Zootaxa., 4132 (1): 143-150.
DU LINA, CHEN XIAOYONG, YANG JUNXING. 2008. A Review of the Nemacheilinae Genus Oreonectes Günther with Descriptions of two New Species (Teleostei: Balitoridae). Zootaxa, 1729: 23-36.
FANG PINGWEN. 1936. *Sinocyclocheilus tingi*, a new genus and species of Chinese barbid fishes from Yunnan. Sinensia, 7(5): 588-593.
GAN XI, LAN JIAHU, ZHANG E. 2009. *Metzia longinasus*, a new cyprinid species(Teleostei: Cypriniformes) from the Pearl River

drainage in Guangxi Province, South China. Ichthyological Reseach, 56:55–61.

GUNTHER A. 1868. Catalogue of the Fishes in the British Museum. Volume seventh. London: Trustees of the British Museum.

Hu YUTING, ZHANG E. 2010. *Homatula pycnolepis*, a new species of nemacheiline loach from the upper Mekong drainage, South China. Ichthyological Exploration of Freshwaters, 21 (1): 51–62.

HUANG YANFEI, YANG JUNXING, CHEN Xiaoyong. 2014. *Stenorynchoacrum xijiangensis*, a new genus and a new species of Labeoninae fish from Guangxi, China(Teleostei: Cyprinidae). Zootaxa, 3793 (3): 379–386.

WU TIEJUN, YANG JIAN, LAN Jiahu. 2012. A New Blind Loach *Triplophysa lihuensis* sp. nov. (Teleostei: Balitoridae) from Guangxi, China. Zoological Studies, 51(6): 874–880.

LIU SHUWEI, ZHU YU, WEI RIFENG, CHEN XIAOYONG. 2012. A new species of the genus *Balitora* (Teleostei: Balitoridae) from Guangxi, China. Environmental Biology of Fishes, (2012) 93:369–375.

NICHOLS JOHN. TREADWELL. 1925. *Nemacheilus* and related loached in China. American Museum Novitates, 171: 1–7.

PELLEGRIN JACQUES. 1931. Description de deux cyprinidés nouveaux de Chine appartenant au genre *Schizothorax* Heckel. Bulletin de la Société Zoologique de France, 56: 145–149, 289.

RENDAHL HIALMAR. 1933. Studen über innerasiatische Fische. Arkiv för Zoologi, 25 A (11): 1–51.

SU RUIFENG, YANG JUNXING, CUI GUHUA. 2001. The nominal invalidity of the cyprinid genus, *Parasinilabeo*, with descriptions of a new genus and species. Zoological Studies, 40 (2): 134–140.

WU HSIENWEN. 1939. On the fishes of Li-Kiang. Sinensia, 10(1–6): 92–142.

Wu Tiejun, Xiu Lihui, Yang Jian. 2016. Liniparhomaloptera macrostoma, a new hillstreamloach from Hunan Province, China (Teleostei: Gastromyzontidae). IchthyologicalExploration of Freshwaters,27(3):75–282.

WU TIEJUN, YANG JIAN, LAN JIAHU. 2012. A new blind loach, *Triplophysa lihuensis* (Teleostei: Balitoridae), from Guangxi, China. Zoological Studies, 51(6): 874–880.

YANG JIAN, WU TIEJUN, YANG JUNXING. 2012. A new cave-dwelling loach, *Triplophysa macrocephala* (Teleostei: Cypriniformes: Balitoridae)，from Guangxi, China. Environmental Biology of Fishes, 93: 169–175.

YANG JUNXING, CHEN YINRUI. 1993. The cavefishes from Duan, Guangxi, China with comments on their adaptations to cave habits. Proceedings of the XI International Congress Speleology (Beijing, China): 124–126.

YANG JUNXING, CHEN YINRUI, LAN Jiahu. 1994. *Protocobitis typhlops*, a new genus and species of cave loach from China (Cypriniformes: Cobitidae). Ichthyological Exploration of Freshwaters, 5(1): 91–96.

ZHANG E. 2000. Revision of the cyprinid genus *Parasinilabeo*, with descriptions of two new species from Southern China (Teleostei: Cyprinidae). Ichthyological Exploration of Freshwaters, 11(3): 265–271.

ZHANG E, ZHOU WEI. 2012. *Sinigarra napoense*, a new genus and species of labeonin fishes (Teleostei: Cyprinidae) from Guangxi Province, South China. Zootaxa, 3586: 17–25.

ZHANG E, QIANG XIN, LAN JIAHU. 2008. Description of a new genus and two new species of labeonine fishes from South China (Teleostei: Cyprinidae). Zootaxa, 1682: 33–44.

ZHANG ZHENLIN, ZHAO YAHUI, ZHANG CHUNGUANG. 2006. A new blind loach, *Oreonectes translucens* (Teleostei: Cypriniformes: Nemacheilinae), from Guangxi, China. Zoological Studies, 45(1): 611–615.

ZHAO YAHUI, LAN JIAHU, ZHANG CHUNGUANG. 2009. A new cavefish species, *Sinocyclocheilus brevibarbatus* (Teleostei: Cypriniformes: Cyprinidae)，from Guangxi,China. Environmental Biology of Fishes, 86: 203–209.

ZHAO YAHUI, WATANABE K, ZHANG CHUNGUANG. 2006. *Sinocyclocheilus donglanensis*, a new cavefish (Teleostei: Cypriniformes) from Guangxi, China. Ichthyological Research, 53(2):121–128.

ZHAO YAHUI, ZHANG CHUNGUANG, ZHOU JIE. 2009. *Sinocyclocheilus guilinensis*, a new species from an endemic cavefish group (Cypriniformes: Cyprinidae) in China. Environmental Biology of Fishes, 86: 137–142.

ZHAO YAHUI, LAN Jiahu, ZHANG CHUNGUANG. 2004. A new species of amblcipitid catfish, *Xiurenbagrus gigas* (Teleostei:Siluriformes), from Guangxi, China. Ichthyological Research, 51: 228–232.

ZHENG LANPING, DU Lina, CHEN XIAOYONG, et al. 2009. A new species of genus *Triplophysa* (Nemacheilinae: Balitoridae), *Triplophysa longipectoralis* sp. nov. from Guangxi–China. Environmental Biology of Fishes, 85: 221–227.

ZHENG LANPING, YANG JUNXING, CHEN XIAOYONG. 2012. A new species of *Triplophysa* (Nemacheilidae: Cypriniformes), from Guangxi, southern China. Journal of Fish Biology, 80: 831–841.

Zheng Lanping, Yang Junxing & Chen Xiaoyong. 2016. Garra incisorbis, a new species of labeoninefrom PearlRiver basin in Guangxi, China(Teleostei: Cyprinidae). Ichthyological Exploration of Freshwaters, 26(4): 299–303.

ZHENG HUIFANG, XIU LIHUI, YANG JIAN. 2013. A new species of Barbine genus *Sinocyclocheilus* (Teleostei: Cyprinidae) from Zuojiang river drainage in Guangxi, China. Environmental Biology of Fishes, 93: 747–751.

ZHU YU, ZHANG E, ZHANG MING, HAN YAOQUAN. 2011. *Cophecheilus bamen*, a new genus and species of labeonine fishes (Teleostei: Cyprinidae) from south China. Zootaxa, 2881: 39–50.

ZHU DINGGUI, ZHANG E, LAN Jiahu. 2012. *Rectoris longibarbus*, a new styglophic labeonine species (Teleostei: Cyprinidae) from South China, with a note on the taxonomy of *R. mutabilis* (Lin 1933). Zootaxa, 3586: 55–68.

Zhu Yu, Zhao Yahui, Huang Kai. 2013. Aphyocypris pulchrilineata, a new miniature cyprinid species(Teleostei:Cypriniformes: Cyprinidae) from Guangxi, China. Ichthyological.Research, 60(3): 232–236.